# 식물생리학 실험
**Experiments in Plant Physiology**

# 식물생리학 실험

## Experiments in Plant Physiology

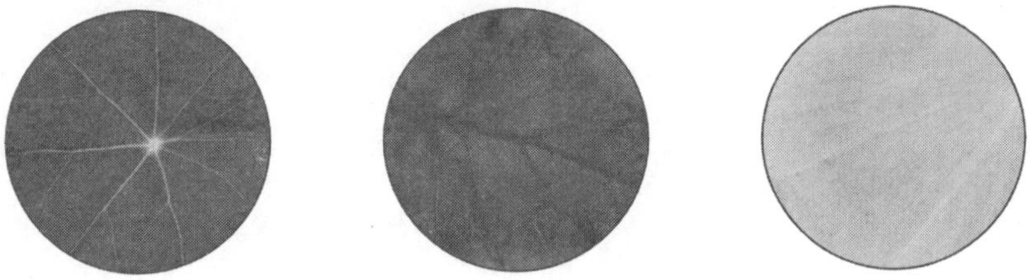

김순영 · 한규웅 · 강빈구 · 맹주선 공저

월드사이언스
worldscience.co.kr

**식물생리학 실험**

2012년 11월 20일 인쇄
2012년 11월 30일 발행

**공저** ˡ 김순영 · 한규웅 · 강빈구 · 맹주선

**펴낸이** ˡ 박선진

**펴낸곳** ˡ (주)월드 사이언스

**편집** ˡ 이은경

**등록번호** ˡ 제16-1601호

**등록일자** ˡ 1988년 2월 12일

**주소** ˡ 서울특별시 서초구 방배4동 864-31 월드빌딩 1층

**전화** ˡ (02) 581-5811~3

**FAX** ˡ (02) 521-6418

**URL** ˡ http://www.worldscience.co.kr
**E-mail** ˡ worldscience@hanmail.net

**정가 12,000원**

**ISBN 978-89-5881-203-6**

이 도서의 국립중앙도서관 출판시도서목록(CIP)은 e-CIP 홈페이지
(http://www.nl.go.kr/cip.php)에서 이용하실 수 있습니다.(CIP제어번호: CIP2012005334)

# 저자 서문

그동안 식물생리학 실험서가 마땅하지 않아서 학부과정의 실험을 수행하는데 어려움이 많았다. 그래서 여러 해 동안 식물생리학 실험시간에 학생들과 함께 실험한 내용들을 정리하여 다양한 실험을 체계적으로 할 수 있도록 이 책을 구성하였다.

이 책은 식물생리학 교과서에서 주로 다루는 주제를 중심으로 편성하였고, 주제별로 유사한 실험을 3~4가지씩 구성하여 상황에 따라 선택하여 실험할 수 있도록 구성하였다. 특히 실험마다 실험 내용에 관한 서론을 제시하여 실험의 의미와 목적을 이해할 수 있도록 하였으며, 1개의 실험조에 필요한 '실험재료 및 기구'와 '실험 준비 일정'을 제시하여 실험 준비를 수월하게 할 수 있도록 하였다. '실험 준비' 항목에서는 각 실험을 수행하는데 필요한 시약을 제조하거나, 실험 재료를 준비할 수 있는 자세한 방법을 제시하였다. 실험 방법은 가능하면 학생들이 쉽게 수행할 수 있도록 구성하였다. 또한 각 실험의 마지막 부분에 학생들이 직접 실험 결과를 작성하여 제출할 수 있는 양식을 첨부하였다.

이 책이 나올 수 있도록 힘써주신 월드사이언스 박선진 사장님과 편집부 여러분께 감사의 말씀을 드린다. 이 책을 통하여 학생들이 식물생리학의 기본 개념을 이해하여 식물생리학에 더욱 큰 관심을 가진다면, 저자들은 큰 보람을 느낄 것이다.

2012년 11월 저자 일동

# 차례

# 차례

# 실험 1

## 무게나 부피의 변화에 의한 수분퍼텐셜 측정

### 1. 서론

세포질에 녹아있는 용질(특히 이온)은 막의 반투과성에 의해 자유롭게 이동하지 못하지만, 상대적으로 물은 쉽게 막을 통과할 수 있다. 삼투현상(osmosis)은 수분퍼텐셜이 높은 곳에서 낮은 곳으로 물이 확산되어 막을 통과하여 이동하는 현상이다. 식물 세포에서 물의 이동을 결정하는 요인은 수분퍼텐셜($\Psi$, Psi)이다. 수분퍼텐셜은 물의 자유에너지 상태를 나타내며, 대개 용질퍼텐셜($\Psi_S$, = 삼투퍼텐셜)과 압력퍼텐셜($\Psi_P$)을 더한 값을 MPa(megapascal)이라는 압력 단위로 표시한다. 순수한 물의 $\Psi$는 대기압 상태에서 0 MPa이고, 세포나 용액의 $\Psi$는 용질퍼텐셜($\Psi_S$)로 인해 음(-)의 값을 나타낸다. 식물세포를 각각 다른 농도의 설탕 용액에 넣은 후 충분한 시간이 지나면, 세포 안팎의 $\Psi$ 차이에 따라 세포로 물이 삼투되어 들어오거나 빠져나가 세포 조직의 무게나 부피가 달라진다. 만일 외부 용액의 $\Psi$이 세포의 $\Psi$와 같을 경우에는 삼투 평형이 이루어져 세포의 무게나 부피가 변하지 않는다. 이러한 원리를 이용하여 식물세포의 $\Psi$를 측정할 수 있다.

## 2. 실험 재료 및 기구

- 감자(*Solanum tuberosum*) 괴경[a)]
- 1 M sucrose 용액 200 mL
- 100 mL 용량 graduated cylinder 1개
- 150 mL 또는 200 mL 용량 beaker 10개
- 10 mL 용량 pipette
- 증류수
- 자 (mm 단위)
- 5 mm 직경의 cork borer
- 화학저울
- 면도날

### 실험 재료

a) 감자 이외에 무, 고구마, 홍당무 등을 재료로 사용할 수 있으며, sucrose 대신 glucose, mannitol, sorbitol, polyethylene glycol 등도 사용할 수 있다.

## 3. 실험 방법

① 1 M sucrose 용액을 희석하여 0.05 ~ 0.50 M 용액을 0.05 M 간격으로 각각 100 mL씩 만들어 beaker에 넣는다. 경우에 따라 sucrose의 농도를 줄여서 실험할 수도 있다.

② 감자를 cork borer로 뚫어 cylinder 형태로 만들고 면도날을 이용하여 20 mm 길이로 잘라 약 30개의 절편을 준비한다. 절편의 크기를 조절하여 표면적을 크게 하면 실험시간을 다소 단축할 수 있다. 〔주의 : 이 과정에서 감자 조직을 손으로 만지지 말아야 하며, 절단한 후 곧 Petri dish 안에 넣거나 비닐 종이로 싸서 수분 증발을 막아야 한다. 껍질 부분이 포함되지 않도록 한다 〈그림 1-1 참조〉.〕

③ 무작위로 3개씩 골라 0.01 g까지 무게를 정밀하게 측정하여 기록한 후, 즉시 0.05 M sucrose 용액에 넣는다. 같은 방법으로 각 농도의 용액마다 감자 절편을 3개씩 넣는다.

④ 실험실의 온도를 측정하여 기록한다.

⑤ 최소한 2시간 동안 놓아두어 삼투평형이 이루어지도록 하고 가끔 흔들어 준다.

⑥ 삼투평형이 이루어진 후, 감자 절편을 넣은 순서대로 용액에서 절편을 꺼내어 여과지로 표면의 용액을 제거하고 무게를 측정한다.

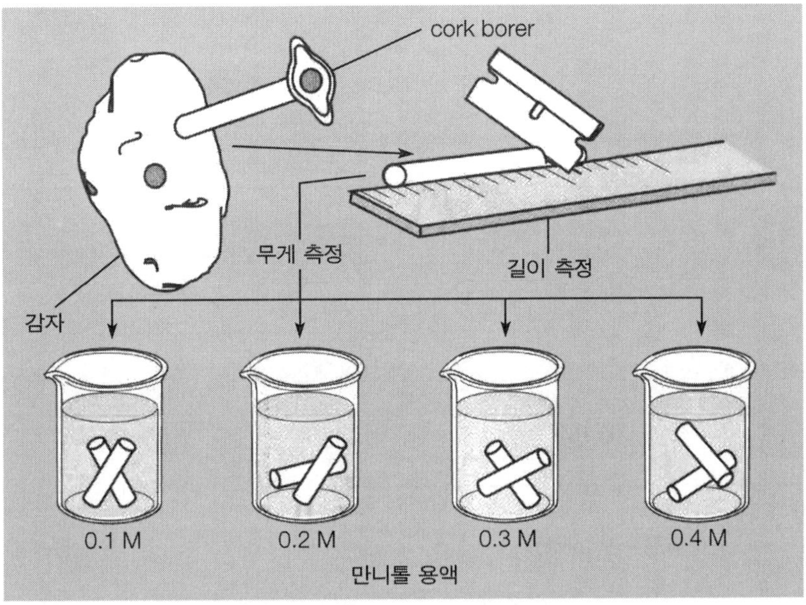


〈그림 1-1〉 감자 괴경의 수분 퍼텐셜을 측정하는 실험 방법

⑦ 〈양식 1-1〉을 사용하여 농도별로 sucrose 용액에 들어있던 절편의 무게 변화를 계산한다.

$$감자\ 절편\ 무게\ 변화\ (\%) = (최종\ 무게 - 처음\ 무게) / 처음\ 무게 \times 100$$

⑧ 농도별 sucrose 용액의 삼투퍼텐셜, $\Psi_S$를 다음 식을 이용하여 계산한다.

〈예〉 0.40 M sucrose의 $\Psi_S$ (20℃일 때) :

$$\Psi_S = -(0.40\ mol / L)(1.0)(0.00831\ L\ MPa / mol\ K)(293K) = -0.974\ MPa$$

$$\Psi_S = -C_S iRT$$

$C_S$ = 용액의 용질 농도 (molality; mole / L)

i = ionization constant (이온화 상수; sucrose, glucose의 경우에는 1)

R = gas constant (기체상수; 0.00831 L MPa $mol^{-1} K^{-1}$)

T = 절대온도 (K)

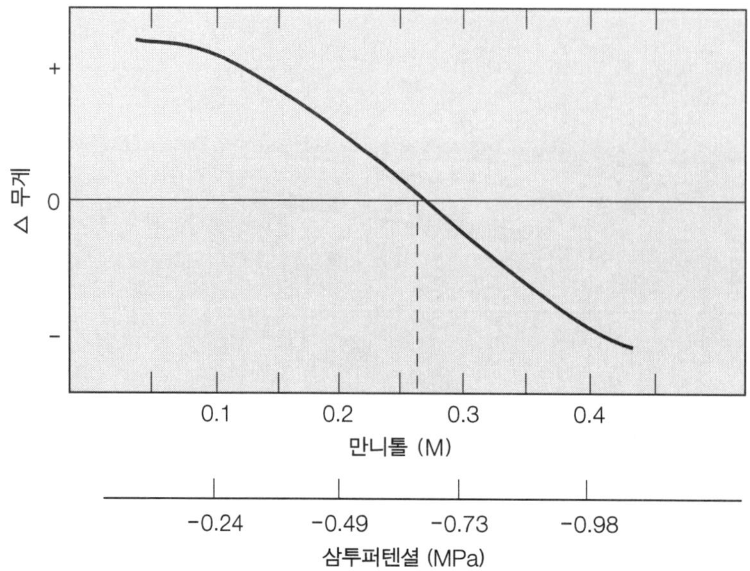

〈그림 1-2〉 실험 결과의 예

⑨ 〈양식 1-2〉 그래프를 작성하여 무게가 변하지 않은 경우에 해당하는 sucrose 농도를 알아내어 이 용액의 $\Psi_S$를 위와 같이 구한다. 이 때 감자 조직의 $\Psi$는 용액의 $\Psi_W$ 같으며, 대기압일 때 외부 용액의 $\Psi_P = 0$ 이므로 용액의 $\Psi_S$는 $\Psi$와 같은 값이 된다. ($\Psi_{용액} = \Psi_S + \Psi_P$, 이 때 $\Psi_P = 0$, 따라서 $\Psi_{용액} = \Psi_S$; $\Psi_P$는 압력퍼텐셜이다.) 〈그림 1-2 참조〉.

## 4. 생각해보기

① 식물조직의 무게를 측정한 것은 어떤 현상을 관측하기 위한 것인지 설명하시오.

② 감자세포 안에서 $\Psi$, $\Psi_S$, $\Psi_P$의 관계는 어떠한가? 무게가 증가한 경우, 감소한 경우, 변하지 않은 경우 각각에 대해 설명하시오.

③ 이 실험에서 가장 흔하게 범하게 되는 실험상 실수는 무엇일까?

## 5. 실험 준비 일정

| 시간 | 준비 사항 | 기타 |
|---|---|---|
| 1-2일 전 | 감자 준비 | 흙이 묻어있는 싱싱한 감자를 준비 |
| 실험일 | 실험에 사용될 용액 제조 | |

# 결과 보고서

| 실험 1 무게나 부피의 변화에 의한 수분퍼텐셜 측정 | | | | | |
|---|---|---|---|---|---|
| 조 | 학번 | 이름 | 실험일자 | 점수 | 기타 |
| | | | | | |

〈양식 1-1〉

| Sucrose 농도 (M) | 처음 무게 (g) | 최종 무게 (g) | 무게 변화 (g) | 변화율 (%) |
|---|---|---|---|---|
| 0.05 | | | | |
| 0.10 | | | | |
| 0.15 | | | | |
| 0.20 | | | | |
| 0.25 | | | | |
| 0.30 | | | | |
| 0.35 | | | | |
| 0.40 | | | | |
| 0.45 | | | | |
| 0.50 | | | | |

〈양식 1-2〉

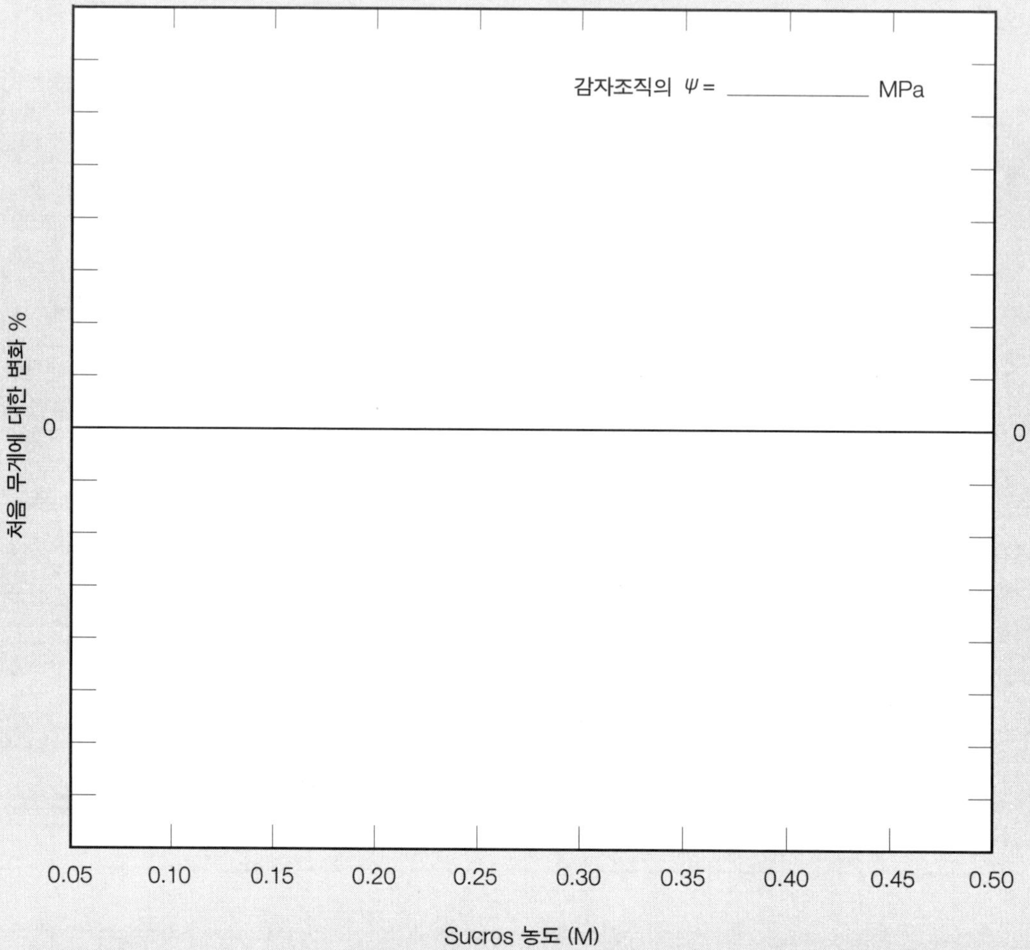
감자조직의 Ψ = ____________ MPa
처음 무게에 대한 변화 %
0
0
0.05
0.10
0.15
0.20
0.25
0.30
0.35
0.40
0.45
0.50
Sucros 농도 (M)

# 실험 2

# Chardakov 방법에 의한 수분퍼텐셜 측정

## 1. 서론

러시아에서 개발된 Chardakov (Schardokow라고도 함) 방법을 이용하면 현미경이나 화학저울 등의 장치나 정밀기기가 없어도 식물조직의 수분퍼텐셜을 쉽고 빠르게 측정할 수 있으며, 임업이나 농업 분야에서 수분 상관성 연구에 쉽게 적용할 수 있다.

정해진 농도의 용액에 식물조직을 담그면 식물조직과 용액 사이의 수분퍼텐셜 차이($\Delta\Psi$)에 의해 물이 삼투되어 용액의 농도가 변화한다. 만일 식물조직의 수분퍼텐셜이 용액의 수분퍼텐셜 보다 높으면 식물조직의 물이 용액으로 이동하여 용액의 농도가 묽어질 것이며, 반대로 낮으면 용액의 물이 식물조직으로 이동하여 용액의 농도가 진해질 것이다. 용액의 농도가 변화하지 않는다면, 그 용액의 $\Psi$와 식물조직의 $\Psi$가 같다고 할 수 있다. $\Delta\Psi = 0$일 때에는 물의 순 이동이 일어나지 않기 때문이다. 이 때, 조직과 용액 사이에서 용질은 이동하지 않는다고 가정한다[실험 1 참조].

이 실험에서는 삼투에 의해 식물조직으로 물이 들어가거나 빠져나오면 용액이 미세하게 희석되거나 농축되는 현상을 이용하여 감자(*Solanum tuberosum*) 괴경(tuber)의 수분퍼텐셜 값을 측정한다.

## 2. 실험 재료 및 기구

- 감자의 괴경
- 시험관 16개
- 1 M sucrose 용액 100 mL
- 증류수
- 25 mL 용량 graduated cylinder 1개
- 200 mL 용량 beaker 1개
- Pasteur pipette 8개
- 5 mL 용량 pipette 1개
- cork borer (직경 5 mm)
- methylene blue 분말
- 온도계
- 핀셋
- 해부바늘
- 면도날
- 자 (mm 단위)

## 3. 실험 방법

① 1 M sucrose 용액을 희석하여 각각 20 mL ~ 0.40 M의 sucrose 용액을 0.05 M 간격으로 각각 20 mL씩 만든 후, 같은 농도의 용액을 10 mL씩 두 시험관에 나누어 넣는다. 이런 방식으로 8가지의 용액을 시험관 두 조에 나누어 담는다. [A조 8개, B조 8개]

② Cork borer를 이용하여 5 mm 직경의 감자 원통조직을 만들고, 이를 면도날로 3 cm 길이로 잘라 총 24개의 절편을 만든다([실험 1] 참조). [주의 : 절편을 준비하는 동안 건조해지지 않도록 주의하고, 완성된 절편은 적신 종이수건을 바닥에 놓은 beaker에 담아 밀봉하여 수분을 보존한다.]

③ 준비된 A조 시험관 8개에 감자 절편을 각각 3개씩 넣는다. [주의 : 절편이 모두 용액에 잠기도록 해야 한다.]

④ B조 시험관에 methylene blue 분말을 약간 넣어 청색을 띠도록 한다. 이 때 sucrose 용액의 농도는 변화하지 않는다고 간주한다. A조와 B조의 서로 대응하는 시험관을 나란히 배열한다.

⑤ 감자 절편을 넣고 30분 후 각 용액에서 절편을 제거한다. [주의 : 이 때 사용하는 핀셋은 사용 도중에 깨끗이 닦아 각 용액이 서로 섞이지 않도록 해야 한다.] 농도 순서대로 시험관을 정렬한 후 흔들림이 없어질 때까지 잠시 놓아둔다.

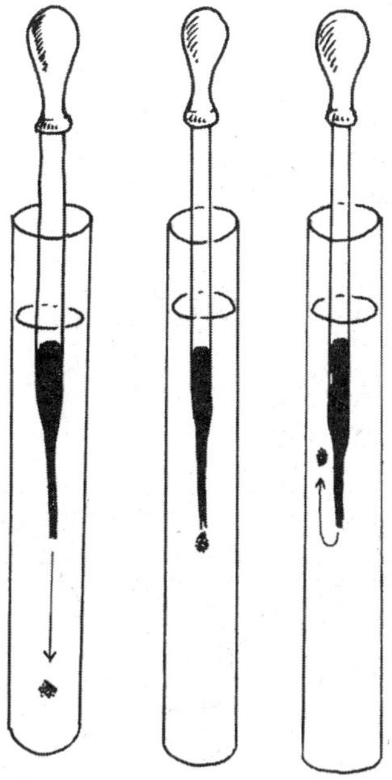

〈그림 2-1〉 Methylene blue를 섞은 sucrose 용액 1 방울을 Pasteur pipette으로 방출하는 방법

⑥ Methylene blue를 넣은(B조) 0.05 M sucrose 용액을 새 Pasteur pipette을 사용하여 감자 절편을 담갔던(A조) 0.05 M sucrose 용액에 한 방울 떨어뜨린다. 〔주의 : 이때 〈그림 2-1〉과 같이 pipette의 끝이 용액의 중간에 머물게 하고 흔들림이 없는 상태에서 매우 천천히 용액을 방출한다. 청색 용액이 확산되지 않고 자리를 잡을 때까지 pipette을 움직이지 말아야 한다.〕 같은 방식으로 모든 농도의 용액에 각각 대응하는 methylene blue 용액을 넣고, 이들의 이동 방향, 이동 속도, 최종 위치, 확산 정도 등을 기록한다. 〔주의 : 각 농도의 용액마다 새로운 pipette을 사용하여야 한다.〕

⑦ Methylene blue 용액 방울이 제 위치에 머물러 있다면, 두 용액의 밀도가 동일하고 이 용액에 담갔던 감자 절편의 수분퍼텐셜과 이 용액의 수분퍼텐셜이 같다고 볼 수 있다. [실험 1]과 같은 방법으로 sucrose 용액의 $\Psi$를 계산하여 이를 감자 절편의 $\Psi$으로 추정한다.

⑧ 관찰한 내용을 〈양식 2-1〉에 정리한다.

## 4. 생각해보기

① B조 용액에 methylene blue를 용액 대신 분말로 넣은 이유는 무엇일까?

② 이 실험의 결과와 [실험 1]의 결과를 비교하시오. Ψ 값이 다르다면, 그 원인이 무엇인지 분석하시오.

③ 감자 괴경의 Ψ 값을 더욱 정확하게 측정하려면 이 실험을 어떻게 변형하여야 할까?

## 5. 실험 준비 일정

| 시간 | 준비 사항 | 기타 |
|---|---|---|
| 1~2일 전 | 감자 준비 | 흙이 묻어있는 싱싱한 감자를 준비 |
| 실험일 | 실험에 사용될 용액 제조 | |

# 결과 보고서

| 실험 2 Chardakov 방법에 의한 수분퍼텐셜 측정 | | | | | |
|---|---|---|---|---|---|
| 조 | 학번 | 이름 | 실험일자 | 점수 | 기타 |
| | | | | | |

〈양식 2-1〉

| Sucrose 용액 (M) | 시간에 따른 sucrose 용액의 이동방향 (분) | | | | | | |
|---|---|---|---|---|---|---|---|
| | 30 | 45 | 60 | 75 | 90 | 105 | 120 |
| 0.05 | | | | | | | |
| 0.10 | | | | | | | |
| 0.15 | | | | | | | |
| 0.20 | | | | | | | |
| 0.25 | | | | | | | |
| 0.30 | | | | | | | |
| 0.35 | | | | | | | |
| 0.40 | | | | | | | |

감자 조직의 추정 Ψ 값 : ______________________

# 실험 3

## 식물 조직의 phosphate 흡수에 영향을 주는 대사활성 조건 분석

### 1. 서론

식물이 뿌리를 통하여 토양수를 흡수할 때에 물에 녹아있는 무기염류도 함께 흡수된다. 이러한 용질은 세포의 세포막을 가로질러 확산되거나 또는 능동수송에 의해 흡수된다. 따라서 용질의 흡수는 용질의 외부농도, 온도, 산소 공급 여부, 식물 조직의 종류와 나이, 그리고 호흡 억제물질의 존재 등 여러 요인에 의하여 영향을 받는다.

일반적으로 식물 저장조직에서는 호흡, 흡수 및 대사과정의 활성이 매우 낮다. 그러나 조직 절편을 산소 공급이 충분한 상태에서 1~2일 동안 보존하면 대사활동이 크게 증가하며, 이에 따라 이온의 흡수나 호흡률도 상승한다. 이렇게 대사활동을 증대시키는 과정을 "aging"이라고 한다.

이 실험에서는 aging 처리한 감자 괴경 절편에서 저온, 무산소 조건 및 대사 억제물질이 phosphate 흡수에 어떠한 영향을 주는지 분석한다.

## 2. 실험 재료 및 기구

- 감자 괴경 절편 (aging 처리한 것)[a)]
- 0.3 mM $KH_2PO_4$ 60 mL
- 0.5 mM dinitrophenol (DNP) 10 mL
- 5 mM sodium azide ($NaN_3$) 10 mL
- 5 mM NaCl 10 mL
- Murphy & Riley 시약[b)] 50 mL
- 10 mL 용량 pipette[c)] 5개
- 1 mL 용량 pipette[c)] 13개
- 125 mL 용량 Erlenmeyer flask[c)] 6개
- 15 mL 용량 시험관[c)] 24개
- Erlenmeyer flask용 솜마개
- 시험관용 고무마개
- 가루얼음 또는 얼음큐브
- pipette-filler
- 핀셋
- 압축 질소탱크
- Cork borer (직경 1 cm)
- Spectrophotometer (880 nm 부근 측정)

### 실험 준비

a) 실험 하루 전에 cork borer와 면도날을 이용하여 직경 1 cm, 두께 1 mm의 원반 절편을 만들고, 실온에서 수돗물에 담근 후 계속 aeration(산소 공급)시킨다. 물은 두 번 갈아준다.

b) Murphy & Riley 시약

용액 A : $(NH_4)_6Mo_7O_{24}$ 12 g을 증류수 250 mL에 용해

용액 B : antimony potassium tartarate 291 mL를 증류수 100 mL에 용해

용액 A와 B를 5 N $H_2SO_4$ 1 L에 넣고 증류수로 최종 용량 2 L로 조정한 후 냉장 보관한다. Phosphate 분석 직전에 위 혼합용액 200 mL 당 1.06 g의 ascorbic acid를 넣는다. 이 시약은 24시간 동안만 유효하다.

c) 실험에 사용하는 초자기구는 실험 시작 전에 세척한 후 1 N HCl로 헹군 후 증류수로 씻어 잔류 phosphate를 제거하여야 한다.

## 3. 실험 방법

① 하루 동안 aging시킨 감자 절편을 준비한다.

② 125 mL 용량 Erlenmeyer flask 6개에 각각 10 mL의 0.3 mM $KH_2PO_4$를 넣는다.

③ 다음과 같이 각 flask에 물질을 첨가한다.

| flask | 처리 | 첨가하는 물질 |
|---|---|---|
| 1 | 대조구 | 증류수 10 mL |
| 2 | DNP | 0.5 mM dinitophenol* 10 mL |
| 3 | sodium azide | 5 mM sodium azide* 10 mL |
| 4 | sodium 대조구 | 5 mM NaCl 10 mL |
| 5 | 저온처리 | 증류수 10 mL |
| 6 | 무산소 처리 | 증류수 10 mL |

*DNP와 $NaN_3$는 독성물질이므로 주의한다.

④ 5번 flask는 미리 얼음에 채워 냉각시킨다.

⑤ 각 flask에 감자 절편 20개씩 넣고 용액에 잠기도록 한 후 흔든다.

⑥ 각 flask에서 2 mL의 용액을 pipette으로 꺼내어 시험관 2개에 각각 1 mL씩 넣은 후 고무마개로 밀봉한다. 이 용액은 phosphate의 초기 농도 분석용이며, "0"으로 표시해 둔다.

⑦ Flask (1~5)를 솜마개로 느슨하게 막는다. 가능하면 실온의 shaker에서 낮은 속도로 흔들어준다. (5번 flask는 냉장 보관한다.)

⑧ 6번 flask는 고무마개로 밀봉한다. 만일 질소가스($N_2$) 주입이 가능하다면 3분 동안 용액에 $N_2$를 흘려 넣어 flask 내의 공기를 $N_2$로 대체한 직후 고무마개로 밀봉하면 더욱 좋다.

⑨ 24시간 후, 모든 flask에서 각각 2 mL의 내용액을 꺼내어 처리구마다 2개의 시험관에 각각 1 mL씩 옮긴다. 이 용액은 phosphate의 최종 농도 분석용이다. 시험관을 고무마개로 막는다.

⑩ Phosphate 분석용 내용물 1 mL가 들어있는 시험관에 증류수 3.2 mL를 첨가한 후 Murphy & Riley 시약 0.8 mL를 넣는다. 시험관의 혼합물을 충분히 섞는다. [주의 : 시험관 입구를 손으로 막고 흔들지 말 것.]

⑪ 시약 첨가 후 30분이 지나면, 1 cm의 path length를 가진 cuvette을 이용하여 Spectrophotometer로 880 nm의 흡광도를 측정한다. (증류수 4.2 mL와 Murphy & Riley 시약 0.8 mL 혼합액을 10분간 보관하였다가 blank로 사용한다.) Phosphate(P)의 농도는 아래 식으로 계산한다.

$$\text{최종 5 mL 시료 내의 P 농도} (\mu g) = A_{880} \times 7.02$$

⑫ 각 처리군의 P 흡수량을 측정하여 비교한다〈양식 3-1〉.

## 4. 생각해보기

① 대사 억제물질, 저온, 무산소 환경이 phosphate 흡수에 어떠한 영향을 주는지 실험 결과를 토대로 분석하시오.

② Aging 처리가 감자 괴경 조직의 대사활동을 증가시키는 이유는 무엇일까?

③ 식물조직과 외부 용액 중 어느 쪽의 P 최종농도가 높을까? 이유를 설명하시오.

④ Aging 처리한 조직 대신에 갓 절단한 조직을 대조군으로 사용하였다면, 이 실험의 결과가 어떻게 나타날까?

## 5. 실험 준비 일정

| 시간 | 준비 사항 | 기타 |
|---|---|---|
| 1일 전 | 감자 절편 준비 | 실험 방법 참조 |
| 실험일 | 실험에 사용할 용액 제조 | |

# 결과 보고서

| 실험 3 식물 조직의 phosphate 흡수에 영향을 주는 대사활성 조건 분석 | | | | | |
|---|---|---|---|---|---|
| 조 | 학번 | 이름 | 실험일자 | 점수 | 기타 |
| | | | | | |

〈양식 3-1〉

| 처리 | | 초기 | | 최종 | | P 흡수량 (μg) |
|---|---|---|---|---|---|---|
| | | 흡광도 | P (μg/mL) | 흡광도 | P (μg/mL) | |
| #1 control | 1-1 | | | | | |
| | 1-2 | | | | | |
| | 평균 | | | | | |
| #2 +DNP | 2-1 | | | | | |
| | 2-2 | | | | | |
| | 평균 | | | | | |
| #3 + $NaN_3$ | 3-1 | | | | | |
| | 3-2 | | | | | |
| | 평균 | | | | | |
| #4 +NaCl | 4-1 | | | | | |
| | 4-2 | | | | | |
| | 평균 | | | | | |
| #5 저온 | 5-1 | | | | | |
| | 5-2 | | | | | |
| | 평균 | | | | | |
| #6 무산소 | 6-1 | | | | | |
| | 6-2 | | | | | |
| | 평균 | | | | | |
| * Aging 처리하지 않은 감자 조직의 P 흡수를 위 결과와 비교할 수 있다. | | | | | | |

# 실험 4

# 식물 생장에 필수적인 무기 영양소

## 1. 서론

식물은 생육에 필요한 무기 영양소를 뿌리를 통하여 흡수한다. $CO_2$와 $O_2$를 제외한 무기 영양소는 토양수 내에 다양한 이온 형태로 존재하는데, 이들은 암석이 토양 입자로 되는 과정에서 나타나기도 하고 토양미생물의 활동에 의해 동식물의 사체가 분해되어 생성되기도 한다. 토양에 존재하는 H, N, K, Ca, Mg, P, S, Cl, Fe, B, Mn, Zn, Cu, Mo과 대기에 존재하는 C, O를 더하여 식물의 필수원소라고 한다. 일반적으로 종자는 어린 식물의 초기 생장에 필요한 필수원소를 저장하고 있어서 어린 뿌리나 어린 줄기 부분에 공급하지만, 식물이 생장함에 따라 고갈되므로 외부에서 공급받아야만 한다. 특히 수경재배(hydroponics)나 모래, perlite 또는 vermiculite에서 식물을 재배하는 경우에는 적정 농도의 필수원소를 반드시 공급해 주어야 한다.

배양액에 특정 필수원소가 부족할 경우 나타나는 결핍증상은 원소의 종류에 따라 그 형태와 정도가 다양하다. 필수원소를 포함한 영양물질은 식물체 안에서 체관부를 따라 이동하는데, 결핍증상은 이동이 쉬운 영양소의 경우에는 오래된 잎부터 나타나며 이동속도가 느린 영양소의 경우에는 어린 잎에서 먼저 나타난다.

이 실험은 식물을 배양액에서 기르는 동안 배양액의 조성을 조정하여 몇몇 필수 원소의 결핍증상을 관찰하며, 또한 결핍된 원소가 무엇인지 모르는 배양액에서 자란 식물의 결핍증상을 분석하여 결핍된 원소가 무엇인지 추정하는 것이다.

## 2. 실험 재료 및 기구

- 토마토 어린 식물 6그루 (vermiculite, perlite, 또는 모래에서 20일 동안 증류수만으로 키운 것)
- 배양원액 (정상액과 결핍액) 필요량 (표 4-1 참조)
- "불명(unknown)" 원소 결핍 배양액 (1개 원소만 결핍된 배양액 7종) 각각 4 L
- Perlite 또는 세척 정제한 순수 모래
- 0.1 N HCl, KOH, NaOH 각 100 mL
- 100 mL 용량 graduated cylinder 5개
- 1,000 mL 용량 graduated cylinder 1개
- 10 mL 용량 pipette 8개
- 250 mL 용량 beaker 2개
- 4 L 용량 갈색 유리병 또는 알루미늄 박지로 싼 유리병 2개
- 화분 4개
- 화분 표시판 4개
- pH meter
- 온실 또는 식물배양실
- 오븐 (70℃)

〈표 4-1〉 배양원액 성분

| 원액 | 성분 | 농도(M) | gL |
|---|---|---|---|
| I | $Ca(NO_3)_2 4H_2O$ | 1.0 | 236.1 |
| II | $KNO_3$ | 1.0 | 101.1 |
| III | $MgSO_4 7H_2O$ | 1.0 | 246.1 |
| IV | $KH_2PO_4$ | 1.0 | 136.1 |
| V | $Ca(H_2PO_4)_2 H_2O$ | 0.01 | 2.52 |
| VI | $K_2SO_4$ | 0.5 | 87.2 |
| VII | $CaSO_4 2H_2O$ | 0.01 | 1.72 |
| VIII | $Mg(NO_3)_2 6H_2O$ | 1.0 | 256.4 |
| IX | 미량원소 원액. (1 L) 1.81 g $MnCl_2 4H_2O$, 2.86 g $H_3BO_3$, 0.22 g $ZnSO_4 7H_2O$, 0.08 g $CuSO_4 5H_2O$, 0.09 g $H_2MoO_4 H_2O$ | | |
| X | $Na_2Fe$ EDTA 3.64 g/100 mL (원액 1 mL 당 Fe 5 mg 포함) | | |

〈표 4-2〉 배양액 4 L 제조에 필요한 원액 배합량 (mL)

| 원액 | 정상 배양액 | 결핍 배양액 | | | | | | |
|---|---|---|---|---|---|---|---|---|
| | | N | P | K | Ca | Mg | S | Fe |
| I | 20 | 0 | 30 | 30 | 0 | 20 | 20 | 20 |
| II | 20 | 0 | 0 | 0 | 60 | 20 | 20 | 20 |
| III | 8 | 2 | 8 | 8 | 8 | 0 | 0 | 8 |
| IV | 4 | 0 | 0 | 0 | 4 | 4 | 4 | 4 |
| V | 0 | 200 | 0 | 200 | 0 | 0 | 0 | 0 |
| VI | 0 | 80 | 80 | 0 | 0 | 40 | 0 | 0 |
| VII | 0 | 800 | 0 | 0 | 0 | 0 | 0 | 0 |
| VIII | 0 | 0 | 0 | 0 | 0 | 0 | 2 | 0 |
| IX | 4 | 4 | 4 | 4 | 4 | 4 | 4 | 4 |
| X | 4 | 4 | 4 | 4 | 4 | 4 | 4 | 0 |

*약 500 mL 증류수에 표에 제시한 양의 원액을 넣고 섞은 후 최종부피를 4 L로 맞춘다. 0.1 N HCl과 0.1 N KOH(K 결핍 배양액의 경우는 NaOH)로 pH를 5.0~6.0으로 맞춘다.

## 3. 실험 방법

① 실험조마다 정상 배양액 또는 필수원소 결핍 배양액 가운데 하나를 배당받은 후 〈표 4-2〉에 따라 만든다. [주의 : 원액을 배합할 때 각 원액마다 별도의 pipette을 사용한다. 배양액은 갈색병, 또는 알루미늄 호일로 감싼 유리병에 보관한다.]

② 실험조마다 조교에게서 "불명(unknown)" 원소 결핍 배양액으로 표시된 배양액 4 L를 받는다. 이것은 N, P, K, Ca, Mg, S, Fe 가운데 어느 한 가지 원소가 결핍되어 있는 것으로, 조교가 미리 만들어 둔 것이다. 어떤 원소가 결핍되어 있는지는 알려주지 않는다. 역시 갈색병에 보관한다.

③ 증류수로만 재배한 어린 토마토 식물 6그루를 perlite나 세척한 모래를 채운 화분 2개에 3그루씩 옮겨 심는다.

④ 한 화분에는 지정받은 정상 또는 결핍 배양액을, 다른 화분에는 "불명" 원소 결핍

배양액을 매일 충분히 주면서 온실이나 배양실에서 재배한다.

⑤ 6주 동안 재배하면서 결핍증상 등 식물의 생장 형태를 세밀하게 관찰하고 기록한다. 다른 실험조의 결과와 비교 분석하여 어느 원소가 결핍되었는지 추정해낸다.

## 4. 생각해보기

① 실험이 끝난 후 각 처리군의 식물 줄기와 뿌리의 길이, 생체량, 건중량을 측정하여 평균값을 비교하시오〈양식 4-1〉.

② 각 필수원소의 결핍증상을 서술하시오.

③ 각 필수원소가 식물 생장에 어떤 역할을 하는지 설명하시오.

④ 배양액에 $Na_2Fe$ EDTA와 같은 chelating compound를 첨가하는 이유를 설명하시오.

⑤ 각 원소의 결핍증상을 분석한 결과를 바탕으로 식물체 내에서 각 원소의 전이 속도 또는 이동하기 쉬운 정도를 비교하시오.

⑥ 배양액을 보관하는 병에 빛을 차단하는 이유를 설명하시오.

## 5. 실험 준비 일정

| 시간 | 준비 사항 | 기타 |
|---|---|---|
| 3주 전 | 토마토를 심는다 | 증류수로만 키움 |
| 1일 전 | 실험에 사용될 용액 제조 | |
| 실험일 | 토마토를 옮겨 심는다 | 지정된 배양액 |
| 6주 동안 | 관찰 | |

# 결과 보고서

| 실험 4 식물 생장에 필수적인 무기 영양소 | | | | | |
|---|---|---|---|---|---|
| 조 | 학번 | 이름 | 실험일자 | 점수 | 기타 |
| | | | | | |

〈양식 4-1〉

| 배양액 | | 뿌리 | | | 줄기 | | |
|---|---|---|---|---|---|---|---|
| | | 길이 (cm) | 생체량 (g) | 건중량 (g) | 길이 (cm) | 생체량 (g) | 건중량 (g) |
| 정상 | | 100% | 100% | 100% | 100% | 100% | 100% |
| 결핍 | N | | | | | | |
| | P | | | | | | |
| | K | | | | | | |
| | Ca | | | | | | |
| | Mg | | | | | | |
| | S | | | | | | |
| | Fe | | | | | | |
| | 불명 | | | | | | |

# 실험 5

# Münch의 압력유동설에 따른 체관 수송

## 1. 서론

고등식물의 잎에서 광합성에 의해 만들어진 동화물질은 체관부(phloem)를 통하여 식물체의 눈, 뿌리, 저장조직, 발생중인 꽃이나 과실, 분열조직 등으로 이동한다. 동화물질의 이동이 실제로 일어나는 통로는 체관인데, 속씨식물에서는 체관요소(sieve-tube element), 겉씨식물과 하등 유관속식물에서는 체세포(sieve cell)이다. 핵은 없어졌으나 세포질이 남아있는 원통형인 이 세포의 위와 아래 벽은 체판(sieve plate)으로 분화되어 작은 구멍을 통하여 물질이 통과한다.

체관 안에서 물질의 이동 메커니즘을 설명하는 학설로 1926년 독일의 Münch가 제창한 압력유동설(pressure flow 또는 bulk flow)이 있다. 이에 따르면 광합성 세포에서 생성한 동화물질이 체관 안으로 능동적으로 투입되면 이로 인해 물이 물관에서 체관 안으로 삼투현상에 의해 들어가는데, 이 때 생기는 수압으로 인해 체관 안의 수액이 뿌리나 저장조직 쪽으로 이동하며 이 흐름을 따라 동화물질이 운반된다. 운반된 체관액에 들어있는 동화물질은 뿌리나 저장조직으로 능동적으로 빠져나가며, 물은 삼투현상에 의해 체관에서 물관으로 들어온 후 다시 상승한다. 즉, 동화물질을 공급하는 부위(공급부)와 받아들이는 부위(수용부) 각각에서 삼투압계(osmometer)가 작동한다는 것이다.

이 실험은 Münch의 학설에 따라 체관 안에서 물질이 이동하는 것을 관찰한다.

## 2. 실험 재료 및 기구

- 250 mL 또는 500 mL 용량 filter flask 2개
- 포화 설탕 용액 100 mL (methylene blue로 진하게 염색한 것)
- 유리관 (직경 약 20 cm, flask의 sidearm에 맞는 굵기)
- U자형 유리 모세관 (내경 3~4mm)
- 투석튜브(dialysis tubing)
- 고무관 2개 (유리관과 flask 연결용)
- 고무마개 2개 (flask 마개용)
- 실
- Cork borer set

## 3. 실험 방법

① 압력유동설의 원리를 보여주는 장치〈그림 5-1〉를 만들기 위해 다음과 같이 준비한다.

② 투석 튜브 2개를 12~15 cm 길이로 잘라 물에 담가 부드럽게 한 후, 한 끝을 실로 단단히 매어 자루를 만든다. 그림과 같이 자루 B에 증류수를 가득 채운다. U자형 유리 모세관 양 끝에 고무마개를 끼우고 고무마개 1개를 천천히 자루 B의 열린 부분에 끼워 실로 맨다. 이 때 자루 안에 공기가 남아있지 않도록 한다. 증류수로 반쯤 채운 sidearm flask에 자루 B가 매달린 고무마개를 단단히 끼운다.

③ 자루 A에 진하게 염색된 포화 설탕 용액을 넣고 위와 같은 요령으로 유리 모세관이 달린 고무마개와 연결한다. [주의 : 이 때 유리 모세관은 자루 B의 증류수로 기포가 없이 채워져 있어야 하며, 자루 A를 연결할 때 착색된 설탕 용액이 모세관을 지나 자루 B로 흘러 들어가지 않도록 한다.]

④ 자루 A, B와 flask 사이, 그리고 유리관으로 연결된 부분에 기포가 생기지 않도록 증류수를 채운다.

⑤ 자루 A에 들어있는 설탕 용액이 이동하는 양상을 관찰한다.

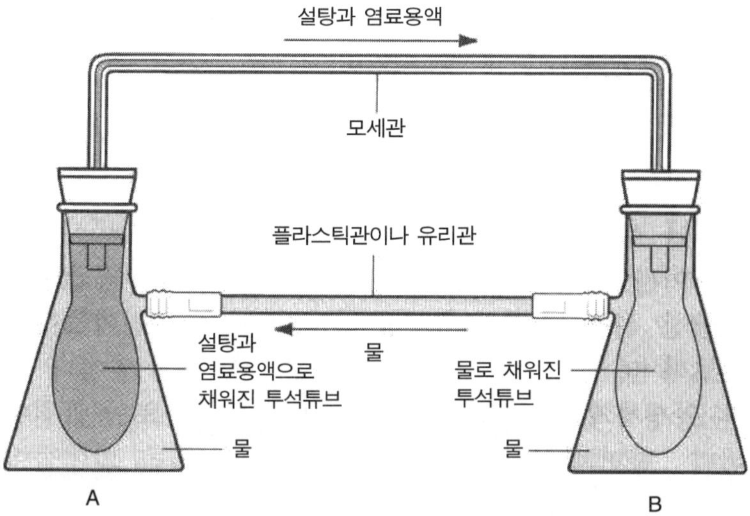


〈그림 5-1〉 Münch 압력 유동설의 물리적인 모델

## 4. 생각해보기

① 이 실험에서 투석 튜브를 사용하는 이유를 설명하시오.

② 실험 시작 전과 설탕 용액이 이동하는 동안 자루 A와 B에서는 어떤 현상이 나타나는가? 자루 A와 B 안팎의 삼투퍼텐셜, 압력퍼텐셜, 수분퍼텐셜이 어떻게 변화하는지 비교하시오.

③ 두 flask의 sidearm을 연결하는 유리관 안에서 일어나는 물의 유동의 원동력에 대하여 설명하시오.

④ 두 자루의 투석 막이 설탕 분자를 투과시키지 않는다면 물이나 용액의 유동은 어떤 상태에 이를 때까지 계속될 것인지 설명하시오.

⑤ 〈그림 5-1〉 장치의 각 부분을 이에 상응하는 식물의 부위와 짝지어 압력유동설을 설명하시오.

# 결과 보고서

| 실험 5 Münch의 압력유동설에 따른 체관 수송 | | | | | |
|---|---|---|---|---|---|
| 조 | 학번 | 이름 | 실험일자 | 점수 | 기타 |
| | | | | | |

자루 A에 들어있는 설탕 용액이 이동하는 양상을 설명하시오.

# 실험 6

# 속씨식물의 기공 관찰

## 1. 서론

고등식물이 서식하고 있는 환경은 대기와 토양이다. 토양에서도 뿌리의 표면이 토양 입자를 둘러싼 얇은 수막과 토양 입자 사이에 존재하는 공기에 접해 있기 때문에 식물의 거의 모든 표면이 공기에 노출되어 있다고 하여도 과언이 아니다. 이러한 환경으로 인해 식물체는 수분 결핍이나 건조에 대한 위험을 극복하기 위한 여러 적응 능력을 갖추게 되었다. 이에 알맞은 구조가 잎의 표피층에 분포하는 기공(stomata)이다. 기공은 식물과 대기 사이에 일어나는 기체 교환과 증산의 통로이다. 엽육세포와 대기의 수분퍼텐셜 차이가 클수록 증산(transpiration)이 더 잘 일어나기 때문에 대기의 습도가 낮으면 과도한 수분 손실을 피하기 위하여 기공이 닫힌다. 또한 광합성에 필요한 $CO_2$를 받아들이는 통로이기도 한 기공은 빛에 의해 열리고 어둠 속에서는 닫히며, 기공 바로 안쪽 공간에 $CO_2$ 농도가 낮으면 열리고 높으면 닫힌다.

이렇듯 대기의 습도, $CO_2$ 농도, 빛, 식물체 내부 수분 조건 등 복합적 조건에 따라 열리고 닫히는 기공은 매우 민감하게 반응한다. 기공은 2개의 공변세포(guard cell)로 이루어지며, 이 세포들은 발생 도중 잎의 표피세포가 특수하게 변형된 것이다. 공변세포 외곽에는 2개 이상의 곁세포(subsidiary cell)가 있다. 공변세포는 주변의 표피세포와는 달리 큰 핵을 가지고 있으며 엽록체도 많이 포함하고 있다. 또한 팽윤 변화에 따라 자유롭게 형태를 바꿀 수 있도록 공변세포는 곁세포 외에는 다른 엽육세포와 접촉되어 있지 않다. 공변세포에 물이 들어오면 팽윤이 증가되어 부풀어 올라 휘어져서 2개의 세포가 서로 맞닿아 있는 부분에 틈이 생기게 된다. 이러한 현상은 기공에 접하는 공변세포의 세포벽이 외측의 세포벽보다 두껍기 때문에 나타나며, 세포벽을 이루는 cellulose 성분인 미세섬유(microfibril)가 방사형으로 배열(radial micellation)되어 있기 때문에 팽윤이 일어나면 길이가 길어져 양 끝에 붙어있는 두 세포가 구부러지므로 기공의 틈이 벌어지는 것으로 보인다.

이 실험에서는 속씨식물 몇 종의 기공 구조를 현미경으로 관찰하는데, 특히 콩팥처럼 생긴 공변세포를 가지는 쌍떡잎식물의 기공과 아령 모양으로 생긴 공변세포를 가지는 외떡잎식물의 기공을 비교한다.

## 2. 실험 재료 및 기구

- 닭의 장풀(*Commelina communis*) 또는 옥수수, 콩, 잔디, 양파, 해바라기 등 쉽게 구할 수 있는 식물의 잎
- 면도날
- 끝이 뾰족한 핀셋
- Petri dish 2개
- Watch glass 1개
- 전등 (60 watt 정도)
- 2 M NaCl 약간
- 2 N KOH 약간
- Pasteur pipette 2개
- 여과지 또는 흡수지
- 현미경 slide glass
- 현미경 cover glass
- 광학현미경

## 3. 실험 방법

① 쌍떡잎식물과 외떡잎식물 각 1~2종을 선택하여 실험 몇 시간 전부터 빛을 비추고 물을 흠뻑 주어 기공이 충분히 열리도록 한다.

② 식물의 잎을 떼어낸 직후 잎의 윗면과 아랫면에서 다음 방법으로 표피층을 분리

한다. 날카로운 면도날을 이용하여 잎맥과 표피세포층 깊이로 잎 표면을 여러 번 짼다. 이 때 째는 선의 길이는 5~10 mm이며, 선 사이의 간격은 2~3 mm가 되도록 한다. 같은 요령으로 이 선과 직각이 되도록 선을 그으면 짼 모양이 "E"자 형태로 된다. 끝이 날카로운 핀셋으로 들추어진 표피세포층을 들어 올려 껍질을 벗기듯 세포층을 분리해낸다.

③ 분리해낸 잎의 윗면과 아랫면에 있는 표피층을 즉시 현미경 slide glass 위에 떨어뜨린 물방울 위에 띄우고 cover glass를 덮어 광학현미경으로 관찰한다.

④ 기공의 배열, 공변세포의 모양, 곁세포와 표피세포를 세밀하게 관찰한다. 특히 활짝 열린 기공을 찾아 공변세포의 형태와 그 내용물을 표피세포와 비교한다. 관찰한 구조를 그림으로 그린다.

⑤ 고배율에서 활짝 열린 기공에 초점을 맞춘 후, cover glass 한 쪽에 2 M NaCl 용액 1~2 방울을 떨어뜨리고 반대편에서 여과지나 흡수지로 빨아들여 공변세포가 NaCl 용액에 잠기게 한다. 이 과정에서 열려 있던 기공이 닫히는 모습을 관찰하여 그림으로 그린다.

⑥ 빛을 비추더라도 $CO_2$ 농도가 높을 때에는 기공이 닫힌다. 열려진 기공을 찾지 못할 경우에는 다음과 같이 하여 기공 주변에서 $CO_2$를 제거한다. Petri dish에 물을 붓고 2 N KOH 용액이 담긴 watch glass(또는 이와 비슷한 용기)를 Petri dish 안에 놓는다. 이 때 KOH 용액이 물에 흘러 들어가지 않도록 조심한다. 잎의 조각을 떼어낸 직후 Petri dish의 물에 띄우고 뚜껑을 덮는다. 뚜껑 위의 물은 램프에서 오는 열을 차단하는 것이므로 얼음을 이용하여 냉각시키는 것이 바람직하다. 30분 정도 지나면 기공 주위의 $CO_2$가 제거되므로 강한 빛에 의해 기공이 열리게 된다.

## 4. 생각해보기

① 관찰한 식물에서 기공을 이루는 공변세포의 형태를 비교하시오. 특히 쌍떡잎식물과 외떡잎식물의 기공 배열과 공변세포 형태의 차이에 대해 관찰내용을 바탕으로 설명하시오.

② 기공은 잎의 어느 부분에 주로 분포하였는지 설명하시오.

③ 공변세포와 표피세포의 차이에 대하여 설명하시오. 특히 엽록체의 분포 양상을 비교하시오.

④ 열려있던 기공이 2 M NaCl 용액에 의해 닫히는 이유를 설명하시오.

⑤ 기공 개폐에 영향을 주는 환경 요인은 무엇이며, 이에 대한 기공의 반응은 어떠한가?

## 5. 실험 준비 일정

| 시간 | 준비 사항 | 기타 |
|---|---|---|
| 1일 전 | 식물 잎에 물과 빛을 충분히 공급한다. | |
| 실험일 | 실험에 사용할 시약 제조 | |

# 결과 보고서

| 실험 6 속씨식물의 기공 관찰 | | | | | |
|---|---|---|---|---|---|
| 조 | 학번 | 이름 | 실험일자 | 점수 | 기타 |
| | | | | | |

1. 쌍자엽식물의 기공 구조

기공이 열렸을 때 (배율 )

기공이 닫힐 때 (배율 )

2. 외떡잎식물의 기공 구조

기공이 열렸을 때 (배율 )

기공이 닫힐 때 (배율 )

# 실험 7

# Cobalt chloride의 변색을 이용한 증산 확인

## 1. 서론

증산(transpiration)은 식물의 표면에서 수분이 수증기 형태로 소실되는 현상이다. 증산은 대개 잎 표면에 분포하는 기공을 통해 일어난다. 증산을 확인하고 측정하는 방법은 여러 가지 있다. 폐쇄된 공간에 조사대상 식물을 넣고 일정한 습도를 지닌 공기를 유입시키면서 반대쪽으로 배출되는 공기의 습도를 측정할 수도 있으며, 흡수계를 이용하여 증산량을 확인할 수도 있다.

이 실험은 증산현상을 확인하는 간단한 방법으로, cobalt chloride($CoCl_2$)로 착색한 여과지의 파란색이 습기를 흡수하면 분홍색으로 변색되는 성질을 이용하여 잎 표면의 기공을 통하여 엽육세포에서 증발한 수증기를 확인한다.

## 2. 실험 재료 및 기구

- 해바라기, 고구마 또는 콩과식물 등 잎이 넓고 잔털이 없는 식물
- 주둥이가 넓은 유리병과 고무마개
- 건조제 또는 anhydrous $CaCl_2$ (유리병에 1/3 가량 채울 분량)
- 여과지

- 핀셋
- 가위
- 솜
- 투명 접착테이프
- 3% $CoCl_2$ 용액 약간
- 철제 종이 클립
- 오븐 (40℃)

## 3. 실험 방법

① 식물을 심은 화분에 물을 충분히 주고 빛을 비추어 증산이 활발하게 일어나도록 한다.

② 주둥이가 넓은 유리병 내부를 건조시킨 후 충분히 말린 anhydrous $CaCl_2$나 건조제로 유리병을 1/3 가량 채우고 마른 솜으로 덮는다. 즉시 고무마개로 막아 유리병 내부에 남아있는 습기를 제거한다.

③ 직경 1 cm의 원 모양 여과지를 여러 개 만든 후, 3% $CoCl_2$ 용액에 담갔다 꺼내어 40℃에서 완전히 건조시킨다. 〈그림 7-1〉과 같이 투명 접착테이프를 재단하고 $CoCl_2$ 종이를 붙인 뒤, 건조시켜 유리병에 보관한다.

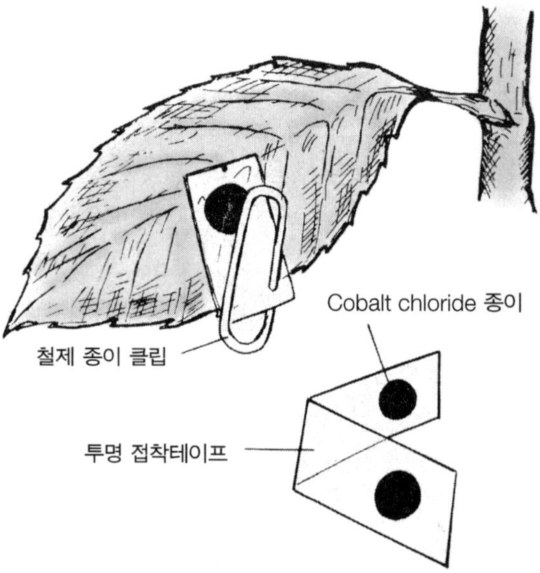


〈그림 7-1〉 Cobalt chloride 종이를 잎 표면에 밀착시키는 방법

④ 유리병에서 미리 준비한 $CoCl_2$ 종이가 부착된 투명 접착테이프 조각을 꺼내어 오븐에서 건조시켜 파란색이 나타나도록 한 후, 곧 그림처럼 종이 클립을 이용하여 잎의 앞뒤 표면에 밀착시킨다.

⑤ $CoCl_2$ 종이가 분홍색으로 변할 때까지 걸린 시간을 식물 종류, 잎의 앞면과 뒷면, 어린 잎과 성숙한 잎 별로 각각 3잎씩 기록한다〈양식 7-1〉. 밀착 후 30분이 지나도 변색되지 않으면 증산에 의한 수분 소실량이 무시할 정도로 적다고 판단한다.

## 4. 생각해보기

① 이 실험에서 잎의 앞면과 뒷면에서 증산률이 다르게 나타났다면, 그 원인은 무엇일까?

② 만일 잎의 성숙도에 따라 증산률이 다르다면, 그 이유는 무엇일까?

③ 빛의 세기, 온도, 상대습도, 바람의 세기 등의 환경조건이 증산률에 어떠한 영향을 주는지 토의하시오.

## 5. 실험 준비 일정

| 시간 | 준비 사항 | 기타 |
|---|---|---|
| 1달 전 | 해바라기나 콩과식물을 화분에 키운다. | |
| 1일 전 | 물과 빛을 충분히 주어 증산작용이 일어나게 함 | |
| 실험일 | 1시간 전 미리 cobalt 종이를 만든다. | |

# 결과 보고서

| 실험 7 Cobalt chloride의 변색을 이용한 증산 확인 | | | | | |
|---|---|---|---|---|---|
| 조 | 학번 | 이름 | 실험일자 | 점수 | 기타 |
| | | | | | |

〈양식 7-1〉

| 식물의 종류 | 잎의 종류 | 잎의 부위 | 분홍색으로 변화한 시간 (초) | | | |
|---|---|---|---|---|---|---|
| | | | 1 | 2 | 3 | 평균 |
| 식물 1 | 성숙한 잎 | 앞면 | | | | |
| | | 뒷면 | | | | |
| | 어린 잎 | 앞면 | | | | |
| | | 뒷면 | | | | |
| 식물 2 | 성숙한 잎 | 앞면 | | | | |
| | | 뒷면 | | | | |
| | 어린 잎 | 앞면 | | | | |
| | | 뒷면 | | | | |
| 식물 3 | 성숙한 잎 | 앞면 | | | | |
| | | 뒷면 | | | | |
| | 어린 잎 | 앞면 | | | | |
| | | 뒷면 | | | | |
| 식물 4 | 성숙한 잎 | 앞면 | | | | |
| | | 뒷면 | | | | |
| | 어린 잎 | 앞면 | | | | |
| | | 뒷면 | | | | |
| 식물 5 | 성숙한 면 | 앞면 | | | | |
| | | 뒷면 | | | | |
| | 어린 잎 | 앞면 | | | | |
| | | 뒷면 | | | | |

# 실험 8

## 기공 개폐에 대한 공변세포 내 $K^+$의 역할

### 1. 서론

공변세포가 팽윤되면 기공이 열린다. 공변세포가 팽윤되었다는 것은 이 세포 안으로 물이 삼투되어 들어와서 세포의 압력퍼텐셜 또는 팽압이 증가되었음을 의미한다. 세포 안으로 물이 삼투되는 추진력은 세포 안에 용질 농도가 증가하여 삼투퍼텐셜이 감소하기 때문에 생긴다. 기공이 열릴 때 공변세포의 액포 안에 $K^+$이 축적되는 사실이 밝혀졌다. 공변세포에 빛을 비추면 많은 양의 $K^+$이 공변세포로 들어오고 반대로 어둠 속에서는 $K^+$이 공변세포에서 빠져나가 주변 세포로 들어간다. 이러한 현상은 거의 모든 종류의 식물에서 관찰된다.

공변세포 안팎에서 $K^+$의 이동 메커니즘은 공변세포 안 $H^+$ 농도, 녹말이 가수분해되어 형성된 malic acid의 축적, 또는 녹말의 가수분해나 광합성에 의한 sucrose의 축적 등과 연관되어 있는 것으로 알려져 있다.

이 실험에서는 공변세포 내의 $K^+$ 분포를 염색법으로 조사하여 기공이 열리고 닫힐 때 $K^+$ 분포의 차이를 비교한다.

## 2. 실험 재료 및 기구

- 옥수수 (빛을 받으며 자란 것)
- Sodium cobaltnitrite[a] (염색약 제조용)
- Petri dish (직경 9 cm) 3개
- Petri dish (직경 5 cm) 1개
- 50~100 mL 용량 beaker 4개
- 2 M KOH 2~3 mL
- 20 mM $CaCl_2$ (냉장) 10 mL
- 5% $(NH_4)_2S$ 10 mL
- 가루얼음
- 면도날
- 핀셋
- 알루미늄 박지
- 램프 스탠드 (60 watt)
- 현미경
- Slide glass
- Cover glass
- 환기용 fume hood

### 실험 재료

a) Sodium cobaltnitrite :

$NaNO_2$ 7 g, 증류수 13 mL, 빙초산 2 mL, $Co(NO_3)_2 6H_2O$ 4 g, Tween 20 1 mL.

## 3. 실험 방법

① 공변세포 내 $K^+$ 염색을 위한 sodium cobaltnitrite 염색약을 만든다. 환기용 hood 안에서 증류수 13 mL와 빙초산 2 mL 혼합액에 $NaNO_2$ 7 g을 넣어 용해시킨다. 이 용액에 $Co(NO_3)_2 6H_2O$ 4 g을 녹이고 Tween 20 한 방울을 첨가한다. [주의 : 독성이 매우 강한 $NO_2$ 기체가 약 1시간 동안 방출되므로 반드시 환기용 hood 안에서 제조하여야 하며, 제조 후에는 냉장 보관하여야 한다. 이 염색약의 효과는 제조 후 1~2일 동안 지속되며 그 이후에는 활성이 소멸된다. 사용 중에도 반드시 얼음에 채워둔다.]

② 직경 9 cm의 Petri dish에 증류수를 붓고 싱싱한 옥수수 잎의 절편(2~3 cm 길이) 5~6개를 잎의 윗면이 물에 닿도록 엎어서 띄운다. 잎 절편 위에 $CO_2$ 기체(또는 입김)를 여러 차례 불어넣은 후 덮개를 덮고 알루미늄 박지로 싸서 암실에 둔다. 이로 인해 기공이 약 30분 후에 완전히 닫히게 된다.

③ 큰 Petri dish에 증류수를 붓고 그 중앙에 약간의 2 M KOH가 담긴 작은 Petri dish

를 놓는다. 옥수수 잎 절편 5~6개를 ②와 같이 엎어서 증류수에 띄운다. 〔주의 : 이 때 KOH 용액이 증류수에 흘러넘치지 않도록 특히 조심한다.〕 〈그림 8-1〉처럼 얼음물로 열을 차단하면서 램프의 빛을 비추어준다. 이 조건에서 대부분의 기공은 약 1시간 후 열리게 된다.

④ 50~100 mL 용량 beaker 4개에 부호를 붙이고 다음 내용물을 넣는다. (가)~(다)는 얼음에 보관한다.

| flask | 내용물 |
|---|---|
| (가) | 20 mM $CaCl_2$ (냉장) 약간 |
| (나) | sodium cobaltnitrite stain (냉장) 10 mL |
| (다) | 증류수 10 mL |
| (라) | 5% $(NH_4)_2S$* 10 mL |

* $(NH_4)_2S$는 휘발성이며 냄새가 고약하므로 반드시 환기용 hood에서 사용하여야 한다.

⑤ 빛 또는 어둠 조건에서 처리한 잎의 절편 아래 표면에서 [실험 7]의 방법을 이용하여 표피층을 분리한다. 빛 조건에 있던 기공이 활짝 열려있는지 현미경으로 확인한다. 〔주의 : 이 과정에서 입김이 표피층에 닿지 않도록 조심한다.〕 어둠 조건의 잎에서 기공이 완전히 닫혀 있는지 확인한다. 확인 결과 기공의 개폐 상태가 만족스러우면 염색과정으로 넘어가고, 그렇지 않다면 앞의 처리과정을 반복하여야 한다.

⑥ 염색과정은 다음과 같다.

| 순서 | 내용 |
|---|---|
| 1 | 빛 조건의 잎 표피층 조각을 2분간 $CaCl_2$ 용액(냉장)에 담근다. |
| 2 | 차가운 증류수로 재빨리 세척한다. |
| 3 | Sodium cobaltnitrite 염색액*에 5분 이상 담근다. (표피층에 엽육세포층이 붙어있어 두꺼울 때에는 염색시간을 늘려준다.) |
| 4 | 표피층을 15~30초 동안 차가운 증류수로 세척한다. |
| 5 | 염색된 표피층 조각을 5% $(NH_4)_2S$ 용액에 1분 동안 담갔다 꺼내어 증류수로 세척한다. |

* Sodium cobaltnitrite 염색액은 세포 내의 $K^+$ 와 반응하여 노란색 침전물을 형성하며, 이 침전물은 $(NH_4)_2S$에 의해 검은색으로 변한다.

⑦ 염색과정 중에 열려있던 기공이 모두 닫힌다.

⑧ 어둠 조건의 잎 절편에서 아래 표피층 조각을 분리하여 위와 같이 염색한다.

⑨ 염색한 표피층 표본을 slide glass에 놓고 물을 떨어뜨린 후 cover glass를 덮어 현미경으로 관찰한다.

⑩ 공변세포와 곁세포(subsidiary cell) 안에 분포하는 검은색 침전물질을 확인하고 열려있었던 공변세포와 닫혀있었던 공변세포의 염색 양상을 비교한다. 공변세포와 곁세포를 정밀하게 그린다. 특히 검게 염색된 부위를 정확하게 그린다〈양식 8-1〉.

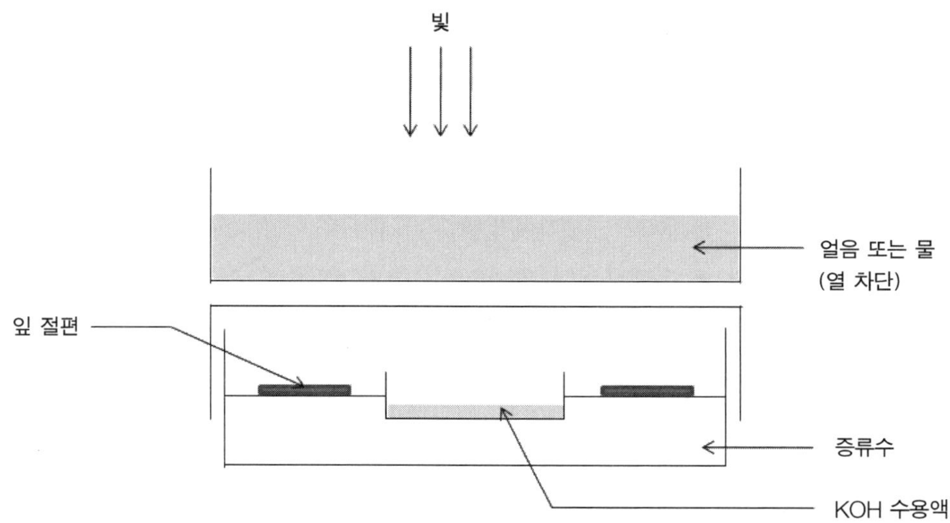


〈그림 8-1〉 공변세포에서 $CO_2$ 수준을 낮추기 위한 Petri dish 장치

## 4. 생각해보기

① 이 실험 결과를 분석하여 공변세포 내 $K^+$의 분포와 기공 개폐 사이의 상호관계를 설명하시오.

② 공변세포와 곁세포의 관계를 물질 교류 측면에서 설명하시오.

③ $K^+$ 이외에 기공 개폐에 직접 관여한다고 생각되는 물질로는 어떤 것이 있는지 조사하시오.

## 5. 실험 준비 일정

| 시간 | 준비 사항 | 기타 |
|---|---|---|
| 1달 전 | 화분이나 온실에 옥수수를 심는다. | |
| 실험일 | 실험에 사용할 시약 제조 | |

# 결과 보고서

| 실험 8  기공 개폐에 대한 공변세포 내 $K^+$의 역할 | | | | | |
|---|---|---|---|---|---|
| 조 | 학번 | 이름 | 실험일자 | 점수 | 기타 |
| | | | | | |

〈양식 8-1〉

| | 염색전 | 염색후 |
|---|---|---|
| 빛 | | |
| 어둠 | | |

# 실험 9

## 식물조직의 호흡계수 (respiratory quotient) 측정

### 1. 서론

세포는 외부에서 $O_2$를 흡수하여 유기물질을 산화시키고 $CO_2$를 방출하면서 생명활동에 필요한 에너지를 얻는다. 이 때 호흡기질인 유기화합물을 산화시킨 $O_2$는 환원되고 $H_2O$가 생성된다. 식물세포에서 이용되는 호흡 기질은 전분, 지방, 유기산, 당류 등 매우 다양하지만, 전형적인 세포호흡은 6-탄당의 산화이며, 다음과 같이 나타낼 수 있다.

$$C_6H_{12}O_6 + 6O_2 \rightarrow 6CO_2 + 6H_2O + \text{에너지}$$

호흡기질이 sucrose나 전분일 경우, 이들이 완전히 산화되면 흡수한 $O_2$의 부피는 호흡 결과 방출되는 $CO_2$의 부피와 동일하게 된다. 이 때 $CO_2/O_2$의 비율은 1.0이 된다. 만일 지방산의 일종인 oleic acid가 산화된다면,

$$C_{18}H_{34}O_2 + 25.5O_2 \rightarrow 18CO_2 + 17H_2O + \text{에너지}$$

가 되어 $CO_2/O_2$ 비율은 0.71이다.

이렇게 호흡에 흡수된 $O_2$ 부피에 대한 $CO_2$ 방출량의 비율을 호흡계수(respiratory quotient, RQ)라고 한다. 유기산을 기질로 이용하여 호흡할 경우 RQ는 1.0보다 작으며(RQ < 1.0), 지방산일 때에도 RQ 값은 일반적으로 1.0 미만으로 측정된다. 따라서 RQ는 식물조직세포가 어떤 종류의 물질을 호흡기질로 이용하고 있는가를 간접적으로 시사해준다. 그러나 실제로 식물세포는 다양한 종류의 유기화합물을 호흡기질로 이용하기 때문에 측정된 RQ 값은 동시에 이용되고 있는 각 호흡기질 분자의 C, H, O의 상대적 조성비의 평균값에 따라 결정된다.

이 실험에서는 호흡이 왕성하게 일어나는 발아중인 종자에서 $O_2$ 흡수량과 $CO_2$ 방출량을 측정하고자 한다.

## 2. 실험 재료 및 기구

- 발아 초기의 완두 종자 15 g
- 250 mL 용량 filter flask
- L자 유리 모세관 (내경 1 mm, 길이 60 cm)
- 1 mL 용량 pipette
- 100 mL 용량 beaker
- 10 N NaOH 10 mL
- Brodie 용액[a)]
- Methylene blue 용액
- 고무관
- 짧은 시험관
- 유리구슬 (짧은 시험관 덮개용)
- 고무마개
- 온도계
- 자 (mm 단위)
- 실
- 저울

### 실험 재료

a) Brodie 용액 : NaCl 23 g, sodium choleate 5 g과 Evan's Blue 100 mg을 각각 증류수에 용해하여 총 500 mL의 용액을 만든다.

## 3. 실험 방법

① 〈그림 9-1〉과 같은 장치를 만든다. 먼저 filter flask에 L자 모세관을 고무관을 이용하여 연결한다.

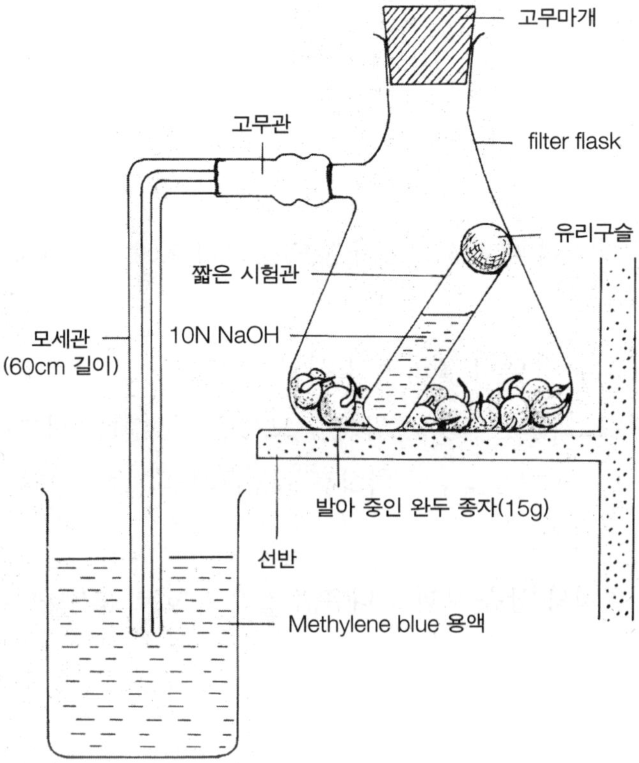


〈그림 9-1〉 완두 종자의 RQ 측정 장치

② 발아중인 완두 종자 15 g을 filter flask 바닥에 조심스럽게 채운다.

③ 모세관의 긴 끝이 methylene blue 용액에 잠기도록 위치를 잡는다.

④ 짧은 시험관에 10 N NaOH 용액 10 mL를 채운 후, 표면이 정밀하고 매끄러운 둥근 유리구슬을 입구에 얹어놓고 시험관 허리를 실로 묶어 조심스럽게 flask 안에 내려뜨린다. 그림과 같이 flask 내벽에 기대어 놓는데, 구슬이 시험관 입구를 빈틈이 없이 막고 있어야 한다. 〔주의 : 이 때, 구슬 표면에 NaOH 용액이 묻거나 NaOH 용액이 flask 안으로 넘쳐흐르지 않도록 주의한다.〕

⑤ 즉시 고무마개로 flask를 밀봉하고 2시간 동안 방치한다. 너무 오래 방치하면 모세관을 통하여 상승한 methylene blue 용액이 side arm을 거쳐 flask 안으로 들어가 실패할 수도 있다.

⑥ 2시간 후, methylene blue 용액이 상승한 위치와 beaker에 담긴 용액의 수위를 각각 표시하고, 그 거리를 mm 단위로 측정한다.

⑦ 모세관 끝이 methylene blue 용액에 잠겨있는 채로 flask를 기울여 짧은 시험관 안의 NaOH 용액이 flask 바닥에 쏟아지도록 한다. Flask를 몇 번 흔든 후, 선반 위의 원래 위치에 올려놓는다. [주의 : 이 때 flask 내부의 온도가 손에 의해 올라가지 않도록 조심한다.]

⑧ 모세관을 따라서 methylene blue 용액이 올라가기 시작한다. 더 이상 올라가지 않고 최고 수준에 도달하였다고 판단되면 그 위치를 모세관 외벽에 표시한다. Beaker 내 methylene blue 용액의 표면으로부터 거리를 mm 단위로 정확하게 측정한다.

⑨ Methylene blue 용액의 상승 위치와 상승 부피를 다음과 같은 부호로 표시한다〈그림 9-2〉.

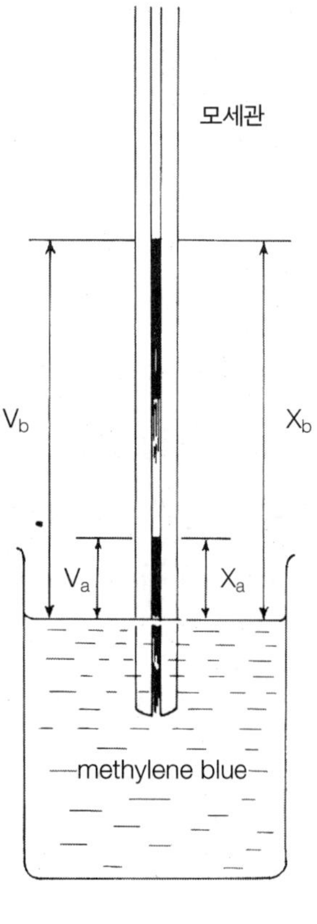


$X_a$ = beaker 내 용액 표면과 NaOH를 엎지르기 전 상승위치 사이의 거리 (mm)

$V_a$ = 모세관 내 $X_a$ 길이에 들어있는 용액의 부피 (mL)

$X_b$ = beaker 내 용액 표면과 NaOH를 엎지른 후 용액의 상승위치 사이의 거리 (mm)

$V_b$ = 모세관 내 $X_b$ 길이에 들어있는 용액의 부피 (mL)

$V_t$ = 측정장치의 flask 내부 총 부피 (mL). 모세관 내부 부피도 포함하며, 자연수(예, 250, 300 등)로 표시.

〈그림 9-2〉 Manometer 내 용액의 상승 위치

⑩ $V_a$와 $V_b$를 측정하기 위해 다음과 같이 한다. 먼저 모세관을 flask에서 분리한 후 용액에 잠겨있던 끝을 고무관을 이용하여 1 mL 용량 pipette에 연결한다. 이 pipette 끝을 Brodie 용액에 담가 pipette과 모세관 안으로 Brodie 용액을 빨아들인다. 이 때 모세관의 $X_b$에 해당하는 표시부와 pipette의 눈금이 시작되는 위치(pipette의 윗부분으로 손으로 쥐는 곳) 사이에만 용액이 차 있고 그 아랫부분은 비어있도록 정밀하게 조정한다. 모세관 내에서 $X_a$, 또는 $X_b$ 만큼 용액을 하강시켰을 때 pipette의 눈금으로 이들의 부피를 정확하게 읽을 수 있다.

⑪ Flask 내의 압력은 모세관 내의 물기둥이 중력에 의해 하강하려는 압력에 의해 그만큼 낮아졌으므로 flask 내부 압력이 대기압 수준으로 유지되었다는 가정 아래 $V_a$와 $V_b$를 수정할 필요가 있다. 또한 $V_t$ 값은 대기압에서의 부피가 아니므로 다음과 같이 대기압에서의 부피($V'_t$)로 수정한다.

$$V_t = V_t \times \frac{\text{flask 내의 압력}}{\text{대기압}} = V_t \times \frac{760 - \frac{\text{물기둥 길이}}{13}}{760}$$

물기둥의 부피를 제외한 대기압에서의 flask 내 부피($V'_{t-a}$, $V'_{t-b}$)는 다음과 같이 구한다.

$$V'_{t-a} = \frac{(V_t - V_a)\ \frac{(760 - X_a)}{13}}{760}$$

또는

$$V'_{t-b} = \frac{(V_t - V_b)\ \frac{(760 - X_b)}{13}}{760}$$

대기압에서의 값으로 수정한 $V_a$와 $V_b$의 값을 $V'_a$과 $V'_b$이라고 하면,

$$V'_a = V_t - V'_{t-a}$$

$$V'_b = V_t - V'_{t-b}$$

이다.

⑫ 이 때

$V'_a$ = 실제로 흡수된 $O_2$의 부피 - 실제로 방출된 $CO_2$의 부피,

$V'_b$ = 실제로 흡수된 $O_2$의 부피이므로,

$V'_b - V'_a$ = 실제로 방출된 $CO_2$의 부피이다.

⑬ 수정된 $V'_a$와 $V'_b$ 값을 이용하여 발아 초기 완두 종자의 호흡계수인 RQ 값을 다음과 같이 계산한다.

$$RQ = \frac{V'_b - V'_a}{V'_b} = \frac{CO_2}{O_2}$$

## 4. 생각해보기

① 이 실험에서 얻은 RQ 값을 분석한 결과, 완두 종자의 조직은 어떤 종류의 호흡기질을 이용하여 호흡하는지 판단하시오.

② 이 실험에서 온도를 일정하게 유지하여야 하는 이유를 설명하시오.

③ $V_a$와 $V_b$를 $V'_a$과 $V'_b$으로 수정하지 않는다면 어떤 결과를 얻게 될지 설명하시오.

④ 만일 모세관 내의 $X_a$ 값이 0이었다면, 어떻게 해석할 수 있을지 설명하시오.

⑤ 이 실험장치에서 짧은 시험관 속에 든 NaOH 용액의 역할을 설명하시오

⑥ 유리구슬로 시험관의 입구를 최대한 밀봉하여야 하는 이유를 설명하시오.

## 5. 실험 준비 일정

| 시간 | 준비 사항 | 기타 |
|---|---|---|
| 2~3일 전 | 완두 종자를 물에 담근다. | |
| 실험일 | 실험에 사용할 시약 제조 | |

# 결과 보고서

| 실험 9 식물조직의 호흡계수(respiratory quotient) 측정 | | | | | |
|---|---|---|---|---|---|
| 조 | 학번 | 이름 | 실험일자 | 점수 | 기타 |
| | | | | | |

- 발아 중인 완두 종자의 호흡률

# 실험 10

# 발아중인 종자의 호흡에 대한 온도의 영향

## 1. 서론

생명체의 호흡(respiration)은 수많은 효소가 유기촉매로 작용하는 일련의 화학반응이다. 효소는 단백질 성분이기 때문에 온도의 변화에 따라서 분자의 구조가 변형될 수 있고, 이에 따라 효소의 활성도가 달라질 수 있다. 체온을 거의 일정한 범위로 유지하는 생명체의 경우에는 대기의 온도가 호흡에 큰 영향을 주지 않지만, 식물처럼 체내 온도를 일정한 수준으로 유지할 수 없는 경우에는 주위의 온도 변화에 따라 조직의 호흡이 민감하게 변화된다.

이 실험에서는 발아중인 종자를 몇 가지 다른 온도 조건에서 유지하면서 온도가 호흡률에 어떠한 영향을 주는지 비교 분석한다.

## 2. 실험 재료 및 기구

- 완두(*Pisum sativum*) 종자 (물에 하룻밤 담가 침윤시킨다.)
- 400 mL 용량 유리병 5개
- 10 mL 용량 pipette 6개
- 125 mL 용량 flask 5개
- 50 mL 용량 graduated cylinder 1개

- 0.2 N NaOH 용액 (실험 직전에 제조)
- 0.1 N HCl 용액 (진한 HCl 9 mL을 물로 희석하여 1 L 제조)
- Barium 용액 (20 g $BaCl_2 \cdot 2H_2O$/100 mL $H_2O$)
- Phenolphthalein 지시약[a)]
- 고무마개 5개 (유리병에 맞는 것)
- 가는 끈 (또는 굵은 실)
- 거즈
- 가위
- 저울
- 냉장고
- 항온장치 2개 (25℃, 35℃)

### 실험 재료

a) phenolphthalein 지시약 : phenolphthalein 1 g을 95% ethanol 50 mL에 녹이고 증류수로 100 mL을 맞춘다.

## 3. 실험 방법

① 유리병 5개를 준비한다. 실험 직전에 만들어 마개로 밀봉해 둔 0.2 N NaOH를 50 mL씩 유리병에 넣고, 즉시 고무마개로 막는다.

② 밤새 불린 완두 종자 10 g을 저울로 달아 거즈로 싼 후 끈으로 묶어 유리병 4개에 각각 하나씩 매단다〈그림 10-1〉. 이 때 종자 주머니가 NaOH 용액에 닿지 않도록 주의한다. 유리병이 고무마개로 완전하게 밀봉되었는지 확인한다.

③ 남은 유리병 1개에는 종자를 넣지 않은 채 마개로 밀봉하여 실온에 보관한다(대조군).

④ 준비한 유리병을 각각 냉장고(4℃), 실온(약 20℃), 항온기 I(25℃), 항온기 II(35℃)에 넣는다.

⑤ 48시간 후, 유리병에서 종자 주머니를 꺼낸 후 재빨리 마개를 닫는다.

⑥ 서로 다른 온도에서 진행된 종자의 호흡 결과로 방출된 $CO_2$를 흡수한 NaOH 용액을 꺼내 $CO_2$ 양을 측정한다. 유리병에서 NaOH 용액 10 mL을 pipette으로 꺼내어 125 mL flask에 넣고 barium 용액 5 mL을 첨가한다. 이 때 흡수된 $CO_2$가 침전된다. Phenolphthalein 지시약 3 방울을 넣은 후 색이 사라질 때까지 0.1 N HCl

로 적정한다. 실험군 유리병에 대한 적정이 모두 끝난 후 대조군 유리병도 같은 방법으로 적정한다.

⑦ 실험군 유리병에서 얻은 측정값에서 대조군 유리병의 측정값을 뺀 후 5를 곱한다. 이 값은 호흡에서 방출된 $CO_2$ 양에 해당하는 HCl의 양을 나타낸다.

⑧ 실험군 유리병마다 3회씩 반복 실험하여 평균값을 얻는다.

⑨ 온도에 따른 호흡량(방출한 $CO_2$의 양; HCl의 양으로 나타냄)의 변화를 그래프로 그린다〈양식 10-1, 10-2〉.

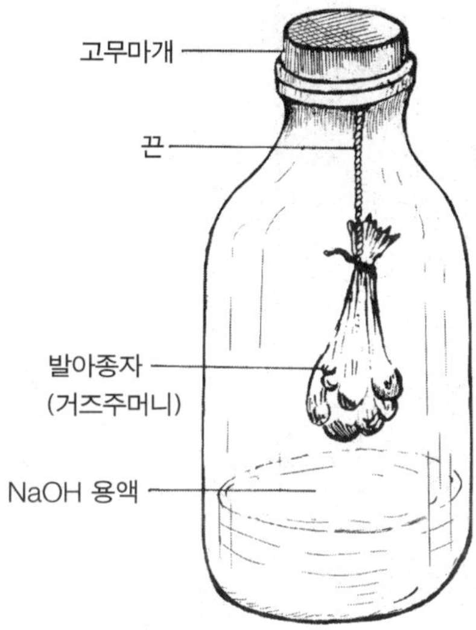


〈그림 10-1〉 종자에서 방출된 $CO_2$를 NaOH 용액이 흡수하도록 하는 장치

## 4. 생각해보기

① 식물의 호흡에 관하여 실험할 때에 대부분의 경우 발아중인 종자를 재료로 사용하는 이유를 설명하시오. 고등식물의 조직별 호흡률에 대하여 설명하시오.

② 이 실험에서 사용한 온도 범위를 벗어나 더 낮은 온도나 더 높은 온도에서 실험한다면, 호흡률이 어떠한 영향을 받을 것이라고 추정할 수 있는지 설명하시오.

③ 대조군 유리병의 경우, HCl 적정량이 의미하는 것은 무엇인지 설명하시오.

④ NaOH 용액에 $BaCl_2$를 가할 때 생성되는 침전물은 무엇인지 설명하고, 이를 화

학반응식으로 표시하시오.

⑤ 완두 종자의 호흡에 있어서 $Q_{10}$ 값은 얼마인지 설명하시오.

## 5. 실험 준비 일정

| 시간 | 준비 사항 | 기타 |
|---|---|---|
| 1일 전 | 완두 종자를 물에 담근다. | |
| 2일 후 | 결과를 측정한다. | |

# 결과 보고서

| 실험 10 발아중인 종자의 호흡에 대한 온도의 영향 | | | | | |
|---|---|---|---|---|---|
| 조 | 학번 | 이름 | 실험일자 | 점수 | 기타 |
| | | | | | |

〈양식 10-1〉

| 온도 (℃) | HCl (mL) | | | |
|---|---|---|---|---|
| | 실험 1 | 실험 2 | 실험 3 | 평균 |
| 5 | | | | |
| 20 | | | | |
| 25 | | | | |
| 35 | | | | |

〈양식 10-2〉

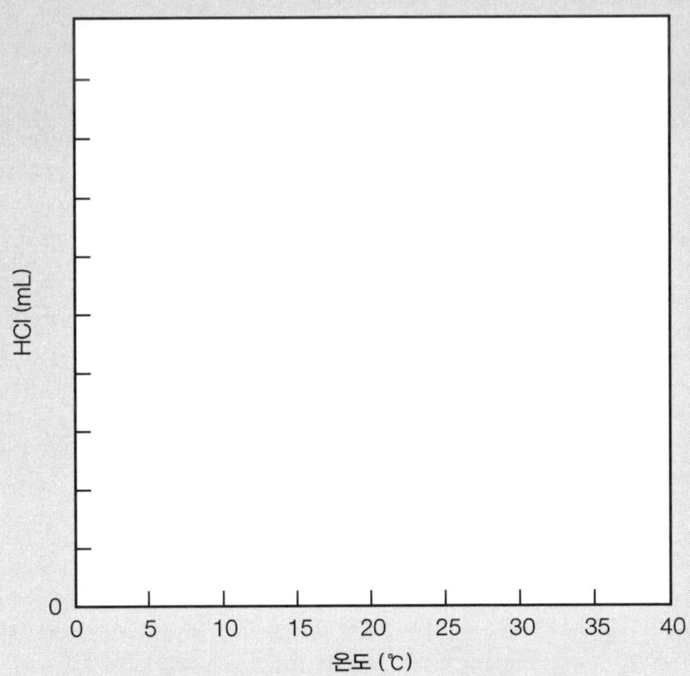

# 실험 11

# 잎에서 광합성 산물의 상호 전환

## 1. 서론

잎의 엽육세포에서 진행되는 광합성에서 대기 중의 탄소(C)가 유기물 형태로 고정되는 과정으로는 Calvin 회로($C_3$ 회로), Hatch & Slack 회로 ($C_4$ 회로), 그리고 Crassulacean Acid Metabolism (CAM)이 있다. 광합성 결과 이러한 과정을 거친 C는 엽육세포 안에서 궁극적으로 sucrose와 starch 형태의 탄수화물로 환원된다. Starch는 저장 형태의 다당류이며, 엽록체 안에서 생성된다. Calvin 회로의 경우, fructose-6-phosphate 형태로 생성된 6-탄당(hexose)은 glucose-6-phosphate, glucose-1-phosphate를 거쳐 낮에 광합성이 활발하게 진행될 때에 starch로 전환된다. 광합성이 진행되는 동안 starch 이외에도 세포질 안에서 sucrose가 생성되는데, 엽록체에서 세포질로 빠져나온 dihydroxyacetone phosphate로부터 인산화된 fructose나 glucose 형태를 거쳐 만들어진다. 밤이 되면 starch가 분해되어 maltose나 glucose로 되거나 glucose-1-phosphate로 되어 glucose-6-phosphate, fructose-6-phosphate로 되고, 이들은 다시 작은 분자로 쪼개져 dihydroxyacetone phosphate 형태로 엽록체에서 세포질로 이동한다. 세포질에서 이들은 다시 인산화된 6-탄당으로 전환되어 glucose-1-

phosphate, UDP-glucose를 거쳐 sucrose로 전환된다. 이 sucrose는 fructose와 glucose로 이루어진 2당류로, 광합성이 멈추는 밤에 세포질에서 빠져나가 체관을 통해 식물의 각 부위로 이동되는 탄수화물의 주종을 이룬다.

식물세포에서는 invertase의 촉매작용으로 sucrose가 가수분해되어 D-glucose와 D-fructose로 분해되기도 한다. 또한 종자가 성숙할 때에는 sucrose가 starch로 전환되어 저장 형태의 탄수화물이 축적되기도 하며, 종자가 발아할 때에는 이와 반대로 저장된 starch가 sucrose로 분해되어 초기 발생중인 조직으로 이동하여 glucose로 전환된 후 호흡기질로 이용된다.

$C_3$ 식물의 광합성 세포 안에서 일어나는 sucrose와 starch의 생성과정과 starch 분해과정은 〈그림 11-1〉에 요약하였다.

이 실험은 세 부분으로 나누어 진행하는데, 광합성 세포에서 starch 존재 여부를 확인하고, 당과 전분이 잎의 조직세포에서 상호 전환되는 현상을 알아보며, 광합성

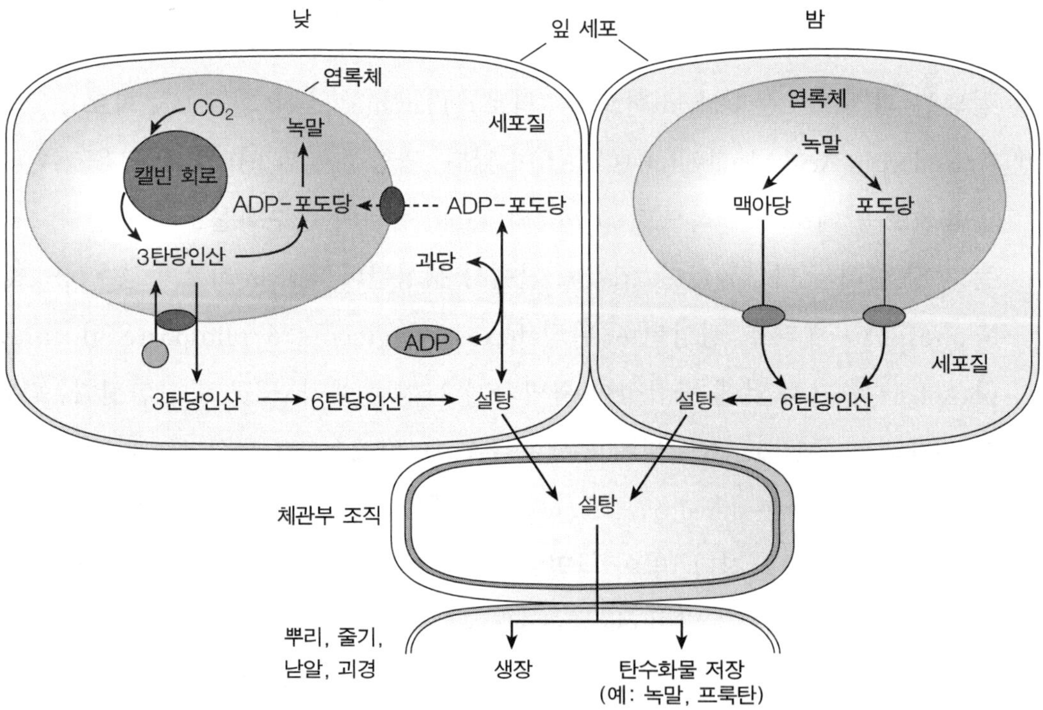


〈그림 11-1〉 식물에서 sucrose와 starch 생성 과정(낮)과 starch 분해 과정(밤)

이 멈춘 후 잎에서 탄수화물이 다른 조직이나 기관으로 이동되는 것을 확인한다.

## 2. 실험 재료 및 기구

- 얼룩진 *Geranium* 잎 (또는 *Coleus* 잎)
- *Iris* 잎
- 옥수수 잎 (어두운 곳에서 2~3주 동안 모래에서 생육한 황백화 조직)
- 콩 (첫째 복엽 1쌍이 성숙될 때까지 4~5주 동안 생육한 것. 화분당 2 개체씩)
- Potassium-iodide-iodine ($I_2KI$) 용액[a]
- 0.5 M glucose 용액 30 mL
- 0.5 M fructose 용액 30 mL
- 0.5 M sucrose 용액 30 mL
- 50~100 mL 용량 beaker 4개
- 95% ethanol
- 화분
- 모래
- 접착 테이프
- 흡수지
- 나무 막대 (직경 3 mm, 길이 15 cm)
- Petri dish
- 증기 분사장치[b]
- 증기탕 장치[c]
- 암실 또는 어둠상자 (25℃)

### 실험 준비

a) $I_2$ 5 g과 KI 10 g을 물에 녹여 100 mL 준비

b) Pasteur pipette을 고무관으로 증기 발생장치에 연결하면 뜨거운 증기가 가늘게 분사된다. 이 때 증기압을 내려주는 조절장치가 필요하다.

c) 끓는 물에 95% ethanol이 들어 있는 beaker를 놓음

## 3. 실험 방법

### A. 잎의 저장 전분 확인

① *Geranium*과 *Iris*를 실험 시작 3~4 시간 전부터 밝은 햇빛에 놓아둔다. *Geranium* 잎은 녹색 바탕에 갈색 등의 무늬가 있는 얼룩잎(variegated leaf)이어야 하며, *Coleus*와 같이 흰색 무늬가 있는 잎도 좋은 재료가 된다.

② 증기탕 장치로 가열된 95% ethanol 속에 잎을 넣고, 20분 동안 방치한다.

③ 뜨거운 물로 씻은 후 흡수지로 물기를 제거하고 Petri dish의 $I_2KI$ 용액에 1~2분

동안 담근다. 물로 $I_2KI$ 용액을 씻어낸 후 잎을 펼쳐놓고 검은 보라색 부분을 확인하여 그림으로 그린다. 처리하기 전의 잎에 있는 얼룩무늬를 요오드 반응 부위와 비교한다.

### B. 탄수화물의 상호전환

① 50~100 mL 용량의 beaker 4개를 준비하여 각각 다음중 하나를 25 mL씩 넣는다. 0.5 M sucrose 용액, 0.5 M glucose 용액, 0.5 M fructose 용액, 증류수.

② 황백화된(etiolated) 옥수수 잎의 기부를 절단하여 2개씩 각 용액에 잎의 밑동이 잠기게 세워두었다가 용액 속에서 잎의 기부 1 cm 정도를 잘라 버린다. 잎의 절단된 밑동이 계속 용액에 잠겨있도록 유지하면서 암실에 보관한다. 이와 함께 옥수수의 잎 2장을 잘라내어 〔A〕의 방법으로 전분을 확인한다.

③ 48시간 후, 암실에 보관하였던 잎을 〔A〕의 요오드 반응을 통해 전분의 존재를 확인하고 비교한다〈양식 11-1〉.

### C. 탄수화물의 이동

① 준비된 콩은 실험하기 전에 온실에서 3~4시간 동안 햇빛을 충분하게 비춰준다. 실험조마다 2 개체씩 배당한다.

② 일차엽(primary leaf)을 떼어내어 〔A〕의 요오드 반응으로 전분의 존재를 확인하여, 반응이 강하게 나타나면 다음 과정으로 넘어간다.

③ 복엽 1쌍 가운데 한 쪽의 잎자루에 나무 막대를 전체 길이만큼 대고 접착 테이프로 양쪽 끝을 감는다. 반대쪽의 잎자루에는 아무런 처리도 하지 않는다. 같은 화분의 나머지 식물에도 동일하게 처리한다.

④ 막대를 댄 중간 부분 1~1.5 cm 부위에 증기 분사장치에 연결한 가는 Pasteur pipette을 통해 나오는 뜨거운 증기를 분사하여 그 부위의 조직을 죽인다. 〔주의 : 뜨거운 증기가 다른 부위에 닿아 손상을 입히지 않도록 한다.〕 곧이어 증기로 처리한 쪽과 그렇지 않은 쪽에서 소엽을 1개씩 떼어 〔A〕의 요오드 반응

을 조사하여 〈양식 11-2〉에 기록한다.

⑤ 처리한 식물을 암실(25℃)에 보관한다.

⑥ 2일 후, 복엽마다 소엽을 1개씩 떼어내어 〔A〕의 요오드 반응으로 전분을 검사한다.

⑦ 7일 후, 소엽을 1개씩 떼어내어 〔A〕의 요오드 반응으로 전분을 검사한다.

⑧ 증기로 처리한 경우와 그렇지 않은 경우, 소엽에 나타난 전분의 양을 비교 분석한다〈양식 11-2〉.

## 4. 생각해보기

### A. 잎의 저장 전분 확인

① 식물 세포 안에서 고정된 C가 전분으로 전환되는 생화학 과정을 설명하시오.

② 얼룩무늬와 요오드 반응 사이의 상관관계는 무엇인지 설명하시오.

### B. 탄수화물의 상호전환

① 황백화 잎을 재료로 사용하는 이유를 설명하시오.

② 식물 세포 안에서 glucose, fructose, starch의 함량이 밤과 낮 사이에 어떻게 변화하는지 설명하시오.

③ 〈그림 11-1〉과 〈11-2〉 과정에 관여하는 효소를 해당 반응에 표시하시오.

### C. 탄수화물의 이동

① 식물 세포에서 빠져나가는 주요 형태의 탄수화물은 무엇인가?

② 이렇게 유출되는 탄수화물이 주로 이동하는 식물의 부위는 어디인가?

③ 이동의 경로와 이동을 추진하는 요인에 대해 설명하시오.

④ 잎자루에 뜨거운 증기를 분사하여 조직을 죽게 하는 이유는 무엇일까?

⑤ 처리한 식물을 암실에 보관하여야 하는 이유는 무엇일까?

## 5. 실험 준비 일정

| 시간 | 준비 사항 | 기타 |
|---|---|---|
| 5주 전 | 콩을 심는다 | |
| 2~3주 전 | 결과를 측정한다. | 암소 |
| 3~4시간 전 | *Geranium*과 *Iris*를 햇빛에 둔다. | |

# 결과 보고서

| 실험 11 발아중인 종자의 호흡에 대한 온도의 영향 | | | | | |
|---|---|---|---|---|---|
| 조 | 학번 | 이름 | 실험일자 | 점수 | 기타 |
| | | | | | |

〈양식 11-1〉

| 흡수한 용액 | 전분 함량* |
|---|---|
| control(처리 전) | |
| sucrose | |
| glucose | |
| fructose | |
| 물 | |
| * + + + ~ - : 요오드 반응색의 강도. | |

〈양식 11-2〉

| 처리 조건 | 소엽의 전분 함량* | | |
|---|---|---|---|
| | 0일 | 2일 | 7일 |
| 증기 처리 않음 | | | |
| 증기 처리 | | | |
| * + + + ~ - : 요오드 반응색의 강도. | | | |

실험 12

# Lowry 방법에 의한 단백질 분석

## 1. 서론

식물체에 존재하는 단백질의 종류는 매우 다양하며, 조직, 기관의 종류, 생장단계에 따라 함량 변화의 폭이 매우 크다. 따라서 식물에서 모든 단백질을 추출한 후, 이에 포함되어 있는 온갖 종류의 단백질을 개별적으로 분석하기란 거의 불가능하다. 가장 많이 쓰이는 단백질 총량을 분석하는 방법은 1951년 Lowry 등이 발표한 것으로, Folin-Ciocalteu reagent를 이용하는 Lowry 방법이다. 이것은 매우 정밀하고 쉬운 방법이기는 하지만, 단백질 종류가 다를 경우에는 결과도 다르게 나오거나, 몇 가지 흔히 사용하는 시약이 분석과정을 방해하고 specificity가 낮다는 단점도 있다. 단백질의 종류에 따라 sensitivity가 동일하지 않다는 단점은 현재까지 알려진 그 어느 방법으로도 완전히 극복할 수 없기 때문에 동일한 재료에 포함되어 있는 유사한 조성의 단백질 변화를 비교 분석하는 경우에는 큰 문제가 없으나, 단백질 총 함유량을 정밀도가 높은 절대값 형태로 나타내기는 불가능하다.

Biuret 방법은 알칼리 조건에서 $Cu^{2+}$이 peptide의 질소(N) 원자와 결합하여 보라색의 착화합물을 형성하여 540~560 nm 사이에서 흡광을 나타내는 것을 이용하여 단백질을 정량하는 방법이다. Lowry 방법은 Biuret 방법에 기초를 두고 있는데, aromatic amino acid와 inorganic salt mixture인 Folin reagent 사이의 Folin–Ciocalteu 반응을 이용하여 단백질을 정량한다. 이 반응에서는 Folin reagent에 있는 phosphomolybdate(와 phosphotungstate)가 $Cu^{2+}$에 의해 산화된 aromatic amino acid(tyrosine과 tryptophan)에 의해서 heteropolymolybdenum으로 환원되어 진한 파란색을 나타낸다. 따라서 tyrosine이나 tryptophan을 많이 함유하는 단백질에서는 더욱 진한 청색반응을 나타내게 된다. 종류가 다른 단백질에서 sensitivity가 다르게 나타나는 원인은 바로 이것이다.

Lowry 방법을 방해하는 화학물질로는 phenol계 화합물, 몇 가지 purine, EDTA, urea, glycine, tyrosine, tryptophan, cysteine, glutathione, mercaptoethanol, dithiothreitol (Cleland 시약) 등이 있으며, Tris, HEPES, HEPPS, TAPS, Tricine 등 흔히 사용하는 buffer도 포함된다. 따라서 분석과정에서는 식물조직 이외의 원천에서 이러한 화학물질을 제거하여야 하며, 식물재료 자체에 다량 함유되어 있는 phenolic compound들도 Folin–Ciocalteu 시약에 진한 청색으로 반응하기 때문에 특별히 유의하여야 한다.

이 실험에서는 식물체의 단백질을 실제로 분석하기에 앞서, Lowry 방법을 미리 실험하여 단백질의 농도와 이에 대한 흡광도(absorbance)의 상관관계를 보여주는 표준곡선(standard curve)을 만들어본다.

## 2. 실험 재료 및 기구

- Bovine serum albumin(BSA) 용액 (0.25 mg/mL) 15 mL
- 15 mL 용량 시험관 18개
- 1 mL 용량 pipette 1개
- 5 mL 용량 pipette 2개
- Bovine serum albumin 용액 (농도 모름, 조교가 제공) 15 mL
- Alkaline copper 용액 (시약 A)[a] 50 mL
- Folin–Ciocalteu 시약 5 mL
- Spectrophotometer

## 실험 준비

a) Alkaline copper 용액 : $Na_2CO_3$ 2 g이 포함된 0.1 N NaOH 용액 100 mL과 실험 직전에 같이 혼합한다. 2.7%(w/v) sodium tartarate(또는 potassium tartarate) 1.0 mL, 1%(w/v) $CuSO_4$.(tartarate 용액은 냉장 보관).

## 3. 실험 방법

① 정해진 농도의 단백질 용액(0.25 mg mL bovine serum albumin 용액)과 농도를 모르는 bovine serum albumin 용액을 준비한다.

② 시험관 16개를 준비하여 조당 2개씩 모두 8조로 나눈다. 0.25 mg/mL 단백질 용액을 희석하여 다음 농도로 만들어 각 조의 시험관에 1 mL씩 넣는다. 0.25, 0.20, 0.15, 0.10, 0.075, 0.05, 0.02, 0.01 mg/mL.

③ 시험관 하나에 $H_2O$ 1.0 mL을 넣고 "blank"로 표시한다.

④ 마지막 남은 시험관에는 농도를 모르는 단백질 용액 1.0 mL을 넣는다.

⑤ 모든 시험관에 alkaline copper 용액(시약 A) 5.0 mL을 넣고 잘 섞는다.

⑥ 실온에서 10분 이상 보관한 뒤, Folin-Ciocalteu 시약(acid strength 1 N) 0.5 mL를 재빨리 넣고 즉시 혼합한다. 〔주의 : Folin-Ciocalteu 시약은 매우 독성이 강하므로 입으로 빨지 말고 자동 pipette을 사용하도록 한다. Folin-Ciocalteu 시약은 시약 A에 포함된 NaOH에 의해 파괴되기 쉬우므로 즉시 혼합하여야 한다.〕

⑦ 실온에서 30분 이상 방치한 후, 용액이 파랗게 발색되면 1-cm cuvet을 사용하여 750 nm에서 흡광도를 측정한다. 이 때 시험관 "blank"로 spectrophotometer를 보정한다.

⑧ 〈양식 12-1〉에 각 농도의 단백질의 absorbance를 그래프로 표시하여 standard protein curve를 만든 후, 농도를 모르는 단백질 용액의 $OD_{750}$ 값에 상응하는 단백질 농도를 찾아낸다.

## 4. 생각해보기

① 흡광도 값을 측정할 때에 근적외선인 750 nm를 이용하는 까닭은 무엇일까?

② 단백질을 분석하는 다른 방법에 대해 설명하시오.

## 결과 보고서

| 실험 12 Lowry 방법에 의한 단백질 분석 | | | | | |
|---|---|---|---|---|---|
| 조 | 학번 | 이름 | 실험일자 | 점수 | 기타 |
| | | | | | |

〈양식 12-1〉

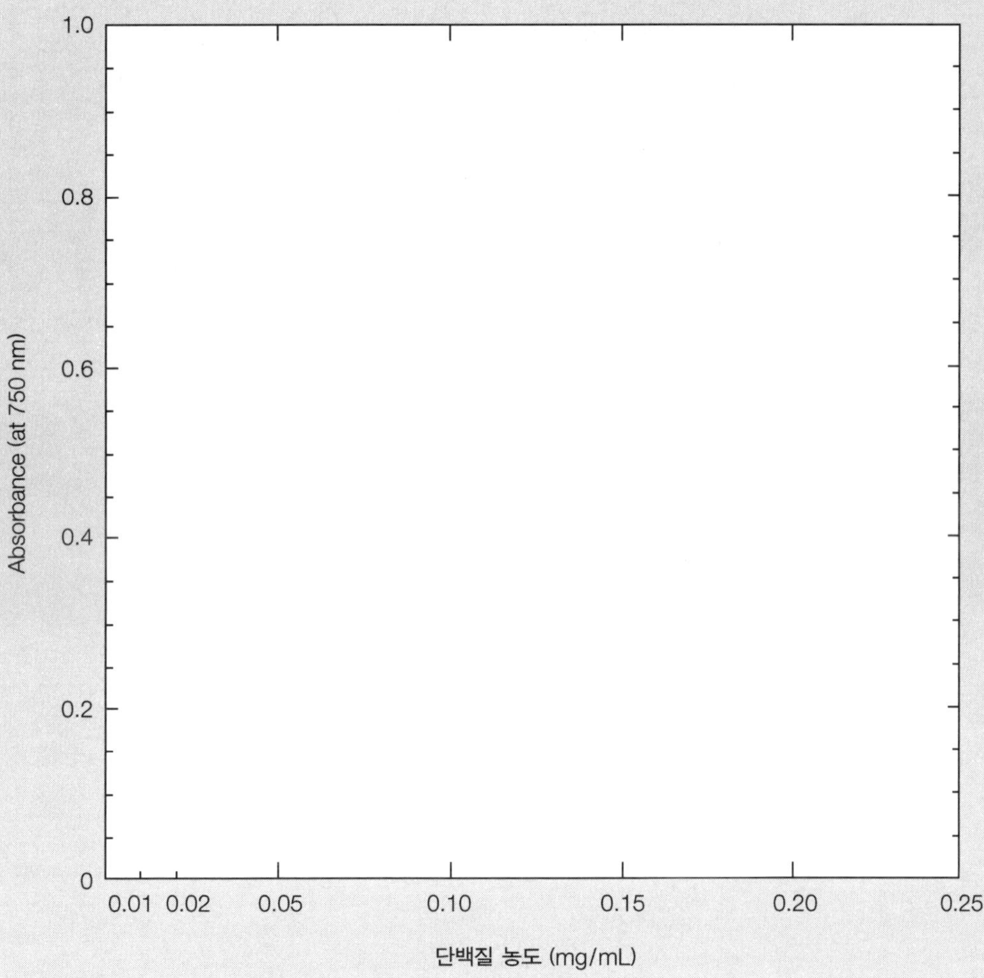

실험 13

# Bradford assay에 의한 단백질 분석

## 1. 서론

Bradford 분석은 매우 빠르며 정확한 단백질의 정량법으로, 산성 조건에서는 붉은색인 Coomassie Brilliant Blue G-250 dye가 분석하고자 하는 단백질과 결합하면 파란색으로 전환되는 현상을 응용한 것이다. 비결합형(단백질과 결합하지 않은 형태) dye는 녹색이나 빨간색이다. 결합형(단백질과 결합한 형태) dye는 파란색이며, 595 nm에서 최대 흡광도를 나타낸다. $OD_{595}$의 값은 결합형 dye의 양과 비례하며, 따라서 시료에 있는 단백질의 양(농도)과 비례한다.

Bradford 단백질 분석법은 다른 단백질 분석방법과 다르게, 단백질 시료에 있을 수 있는 다양한 화학물질의 간섭을 덜 받는다. 한 가지 예외는 높은 농도의 세정제(detergent)이다. 일반적으로 사용하는 세정제인 SDS(sodium dodecyl sulfate)는 막의 지질2중층을 파괴하여 세포를 용해할 때에 사용하기 때문에 단백질 시료에 남아있을 수 있다. 다른 세정제들은 고농도에서 방해효과를 나타내지만, SDS의 방해효과는 다른 농도에서 서로 다른 두 가지 양상으로 나타난다. Coomassie dye 용액에 SDS가 임계미셀농도(critical micelle concentration ; 0.00333~0.0667% w/v) 이하로 존재할 때에는 dye에 대한 단백질의 결합부위를 방해한다. 따라서 용액 내 단백질의 농도가 낮게 측정된다. 임계미셀농도보다 높을 때에는 SDS가 녹색 형태의 Coomassie dye와 강하게 결합하여 dye의 평형을 변형시키므로 파란색 형태가 더욱 많아지도록 한다. 따라서 용액에 존재하는 단백질과 무관하게 595 nm의 흡광도가 증가하게 된다.

단백질 시료 준비에 사용하는 완충액도 방해효과를 나타낼 수 있다. 높은 농도의 완충액을 사용하면 용액에 있는 자유 양성자가 완충액의 염기와 결합하여 제거되기 때문에 단백질 농도가 과도하게 측정된다. 이러한 문제는 단백질을(따라서 완충액을) 낮은 농도로 사용하면 해결된다.

Bradford 분석은 좁은 범위(대개 0~2,000 μg/mL)에서만 선형(linear)으로 나타나므로, 분석하기 전에 시료의 희석비율을 기록해두어야 한다. 비선형(non-linearity)은 대부분 dye의 두 형태 사이의 평형이 단백질을 첨가하면 불안정해지기 때문에 나타난다. 450 nm에 대한 595 nm의 흡광도 비율을 측정하여 선형화하면 일반적인 방식보다 민감도가 10배 정도 높아진다.

이 실험의 목적은 농도를 알고 있는 Standard 용액을 이용하여 농도를 모르는 단백질 시료의 농도를 구하는 것이다.

## 2. 실험기구 및 시약

- BSA (bovine serum albumin) 1 mg/mL
- Bradford reagent[a)]
- spectrophotometer
- cuvette
- test tube
- pipette
- DW (distilled water)
- alcohol
- 1M NaOH (option)

### 실험 준비

a) Bradford Stock solution : Coomassie Brilliant Blue G-250 100 mg을 95% ethanol 50 mL에 녹인 후, 85% (w/v) phosphoric acid($H_3PO_4$) 100 mL를 넣는다. Dye가 완전

히 녹은 후 DW 50 mL를 넣어 잘 섞은 후 Whatman No. 1 filter로 여과하여 갈색 병에 저장한다. 2주 동안 안정하다.

## 3. 실험방법

① Spectrophotometer를 595 nm로 조정하고, blank를 이용하여 영점을 맞춘다. 〔주의 : 실험 시작 최소 15분 전에 준비한다.〕

② BSA를 DW로 희석하여 최종농도를 0(blank, DW만), 10, 20, 40, 60, 80, 100 ㎍ BSA/mL로 맞추어 standard 용액을 만든다. 측정할 미지의 시료 역시 일련의 희석농도로 준비한다.

③ 위에서 준비한 standard 용액을 각각 시험관에 100 ㎕씩 넣는다.

④ Bradford 용액을 DW로 5배 희석한 후 각 시험관에 1 mL씩 넣고 잘 섞는다.

⑤ 1M NaOH 0.25 mL를 넣고 잘 섞는다. 〔주의 : 단백질 시료가 잘 녹지 않을 경우에만 사용〕

⑥ 실온에서 5분 정도 놓아둔다.

⑦ Standard 용액과 미지의 시료 용액 각각의 흡광도($OD_{595}$)를 측정한다. 〔주의 : 측정할 때마다 cuvette을 alcohol과 DW로 깨끗이 닦고 물기를 제거한 다.〕

⑧ Standard 용액의 OD 값으로 그래프를 작성하고 수식을 구한다.

⑨ 미지의 시료에 대해 OD 값을 측정한 후 위의 수식에 대입하여 농도를 계산한다.

⑩ 시료 1 mL에 있는 단백질의 총량을 계산한다.

### 3-1 표준 곡선으로 시료 농도 구하기

① 농도가 다른 5개의 BSA 단백질에 Bradford 시약과 DW를 넣어 전체 부피를 1 mL로 맞춘 후, $OD_{595}$를 측정한다. 〔농도를 아는 용액의 농도에 따른 흡광도 변화 관찰〕

② 가로축 단백질 농도(㎍/㎕), 세로축 흡광도 ($OD_{595}$)로 그래프를 그린다. 추세선을 이용하여 그래프의 기울기와 절편을 구한다. $OD_{595}$ = A〔BSA〕 + B

③ 마찬가지로 농도를 구하고자 하는 단백질이 있는 sample에 Bradford 시약과 DW를 넣어 전체부피를 1 mL로 맞춘 후 $OD_{595}$를 측정하여 앞의 식에 대입하여 농도를 계산한다.

## 4. 생각해보기

① Bradford 방법의 한계점은 무엇일까?

② Beer's law란 무엇이며, 위의 standard curve의 경우 Beer's law를 따르는 것으로 판단할 수 있는가?

③ 단백질을 분석하는 다른 방법에 대해 설명하시오.

# 결과 보고서

| 실험 13 Bradford assay에 의한 단백질 분석 | | | | | |
|---|---|---|---|---|---|
| 조 | 학번 | 이름 | 실험일자 | 점수 | 기타 |
| | | | | | |

〈양식 13-1〉

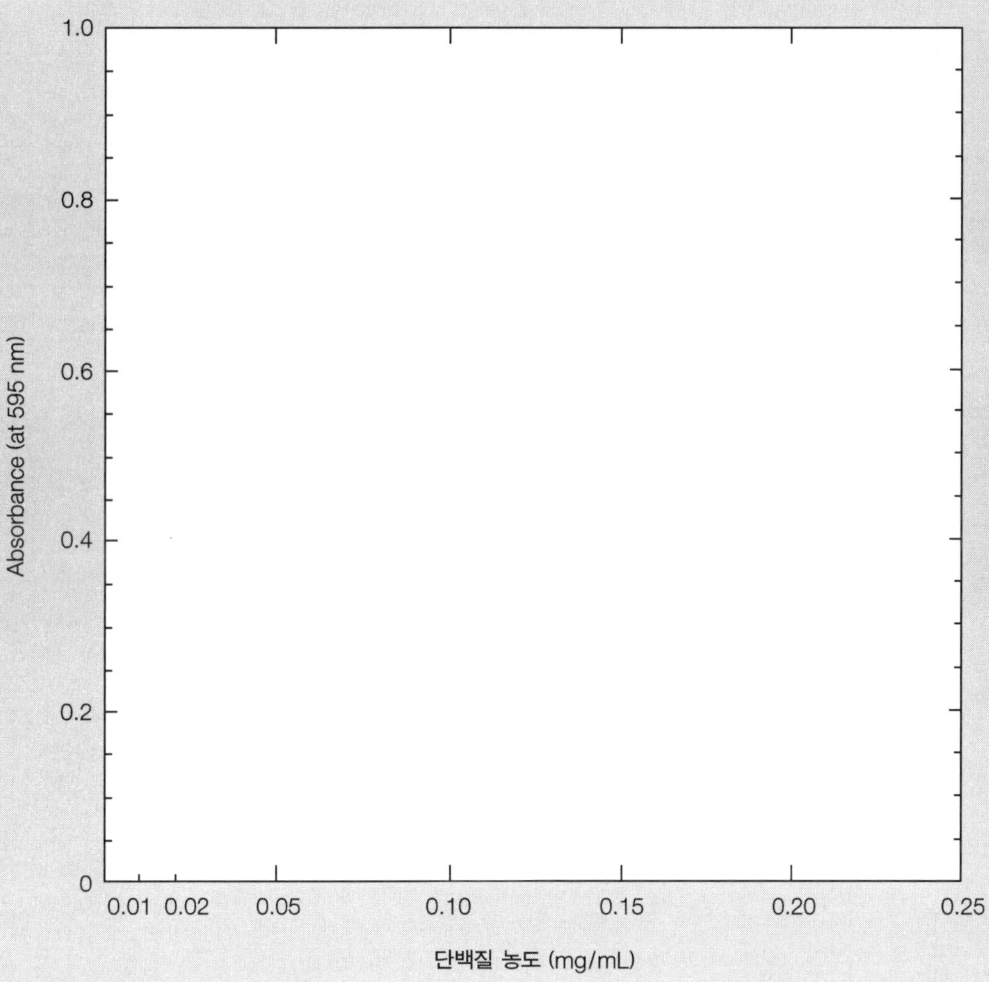

# 실험 14

## 생장중인 식물조직의 단백질 대사 정량

### 1. 서론

단백질은 식물체 안에서 주로 종자의 배젖(endodperm), 자엽(cotyledon) 등에 고농도로 저장되어 있다. 이러한 조직세포 안에서 단백질은 막으로 둘러싸인 특수한 구조 속에 들어 있다가 가수분해되어 아미노산으로 전환된 후 새롭게 발생하는 줄기나 뿌리로 이동한다. 따라서 식물의 단백질을 분석하기에 가장 좋은 재료는 콩과식물의 종자나 곡류의 종자이다. 콩과식물이나 쌍떡잎식물의 경우 주요 단백질은 globulin인데, 완두는 vicilin과 legumin이라는 두 종류의 저장 단백질을 함유하고 단백질의 양은 종자 건중량(dry weight)의 30%에 이른다. 저장조직 안에서 protease에 의해 분해된 단백질은 여러 종류의 아미노산과 glutamine, asparagine 등의 amide 형태로 생장중인 조직이나 기관으로 이동하고, 그 곳에서 그 기관 특유의 단백질 합성에 이용된다. 저장조직에는 저장형의 단백질 이외에도 이들을 분해하거나 저장물질을 운반하는데 관여하는 수많은 효소도 존재한다.

이 실험에서는 [실험 13]의 Lowry 방법을 이용하여 완두의 자엽이나 생장중인 줄기, 뿌리 안의 단백질을 정량한다.

## 2. 실험 재료 및 기구

- 완두 종자 (밤새 침윤시킨 것)
- 완두 어린 식물 (3일생, 6일생, 9일생)
- 1 KCl 또는 NaCl 용액 160 mL
- 20% trichloroacetic acid(TCA) 3.3 mL
- 50 mM phosphate buffer, pH 7.5[a)]
- Alkaline copper 용액 (실험 12 참조)
- Folin-Ciocalteu 시약 (실험 12 참조)
- 1 mL 용량 pipette
- 2 mL 용량 pipette
- 100~250 mL 용량 beaker
- 5 mL 용량 pipette
- 10 mL 용량 pipette
- 100~250 mL 용량 graduated cylinder
- 250~500 mL 용량 suction flask
- Buchner funnel과 여과지(No.1 또는 No.3)
- Blendor
- 진공펌프 또는 aspirator 장치
- 시험관 5개
- 15 mL 용량 원심분리 tube
- 임상용 원심분리기
- 가루얼음
- 저울
- 자석교반기
- 유리막대
- Spectrophotometer
- 가위
- Bovine serum albumin으로 구한 standard protein curve

### 실험 준비

a) 50 mM $Na_2HPO_4$ $7H_2O$를 buffer의 필요량보다 약간 적게 beaker에 넣고 자석교반기로 저어주면서 50 mM $NaH_2PO_4$를 pH 7.5에 이를 때까지 조금씩 천천히 넣어준다. 두 stock solution은 각각 냉동실에 보관하여 미생물의 번식을 방지하고, 혼합 직전에 꺼내어 녹여서 사용한다.

## 3. 실험 방법

A. 자엽 내 단백질 분석

① 밤새 물에 불린 완두 종자(1일생 자엽)와 3, 6, 9일 된 어린 식물에 달려있는 자엽(3, 6, 9일생 자엽)을 각각 10쌍씩 준비한 후, 종피를 제거하고 묻어있는 모래나 이물질을 물로 씻는다. 이 때 줄기나 뿌리는 보존하였다가 실험 (B)에서 사용한다.

② 준비한 시료 4종을 각각 blendor에 넣고 1 M KCl(또는 NaCl) 100 mL에서 3분

동안 분쇄하여 고운 현탁액(homogenate)을 만든다. KCl(또는 NaCl)은 globulin을 용해하는 용매로 사용된다.

③ 적신 여과지(No.1 또는 No.3)를 깐 Buchner funnel을 suction flask에 연결한 후 현탁액을 여과한다. 여과 효율을 높이려면 여과지를 3~4회 갈아주고 조금씩 여과하여야 한다. Blendor 안쪽 벽에 남아있는 homogenate는 KCl(또는 NaCl) 20~30 mL로 씻은 후, 약 30초 동안 분쇄하고 여과한다.

④ 여과액(filtrate)을 graduated cylinder에 모은 후 KCl(또는 NaCl) 용액을 부어 정확하게 150 mL이 되도록 한다. 이 여과액을 beaker에 옮긴다.

⑤ 10 mL 용량 pipette을 사용하여 단백질 추출액 10 mL를 원심분리 tube에 넣고 5분 동안 얼음에 채운 후, 20% TCA 용액 3.3 mL을 넣고 잘 섞는다. 이 때 TCA 용액의 농도는 약 5%가 된다. TCA 용액을 다룰 때에는 입에 닿지 않도록 조심한다.

⑥ TCA 용액은 강산으로, 단백질 성분을 효과적으로 침전시켜 백색 침전물이 생긴다. 10분 동안 얼음에 채운 후 2,000 $\times g$ 이상으로 원심분리한다. 상층액에는 Lowry 방법에 의한 단백질 분석을 방해하는 phenol계 물질 등이 있으므로 버린다.

⑦ 단백질 + 핵산 침전물에 1% TCA 2 mL을 넣고 가는 유리막대로 휘저어 침전물과 혼합하면 남아있던 저해물질이 제거되고 단백질과 결합하고 있는 TCA 양을 줄일 수 있다. 앞선 요령으로 원심분리하고 상층액을 버린다.

⑧ 침전물에 0.1 N NaOH(또는 KOH) 용액 5.0 mL를 넣고 유리막대로 최소 30초 동안 충분히 혼합하여 침전물의 입자가 완전히 분쇄되어 단백질이 다시 용해되도록 한다.

⑨ 이렇게 얻은 용액을 단백질 분석 시료로 사용한다. 이 때 이 용액을 증류수를 이용하여 적정 수준으로 희석하여 standard protein curve 범위 내의 absorbance 값이 되도록 한다. 일반적으로 1일생과 3일생 자엽의 경우에는 50배, 6일생 자엽은 20배, 9일생 자엽은 10배로 희석한다.

⑩ 모든 용액을 충분하게 혼합한 후, 각 추출액 1.0 mL를 시료로 하여 [실험 12]나 [실험 13]의 요령으로 단백질을 분석한다. 이 때 각 추출물마다 3회씩 반복하여 분석하도록 한다. 단백질 추출물 대신 증류수를 blank로 사용한다.

⑪ [실험 12]나 [실험 13]에서 얻은 standard protein curve를 이용하여 자엽 1쌍마다 함유하는 단백질의 양(mg)을 계산한다〈그림 14-1〉.

⑫ 예를 들어 9일생 자엽의 경우, absorbance가 0.37이라면 단백질의 양은 〈그림 14-1〉의 standard curve에서 0.1 mg이 된다. 따라서 10쌍의 자엽에서 추출한 150 mL의 추출액에 들어있는 단백질 총량은 다음과 같다.

0.1 mg × 0.1 N NaOH 5 mL × 150 mL / 10 mL × 10배 희석 =
75 mg 단백질/자엽 쌍

⑬ 어린 식물이 생장함에 따라 변화되는 자엽 내의 단백질 함량을 도표로 표시한다.

(B) 뿌리와 줄기 내 단백질 분석

① 자엽을 떼어낸 완두의 어린 식물(3, 6, 9일생)을 10 개체씩 준비한다.

② 10 개체를 한 묶음으로 하여 2 cm 길이로 절단하여 blendor에 넣고 50 mM phosphate buffer (pH 7.5) 100 mL와 함께 4분 동안 분쇄한다. 분쇄한 현탁액을 beaker로 옮긴다.

③ 자엽 내 단백질 분석과 마찬가지로 Buchner funnel을 이용하여 현탁액을 여과한다. Phosphate buffer 40 mL로 blendor에 남아있는 잔류물을 씻어낸 후 30초 동안 분쇄하고 여과한다. 이들 여과물을 250 mL 용량 graduated cylinder에 넣고, 여과물이 담겼던 suction flask를 소량의 물로 씻어 합한 뒤, 전체 부피가 150 mL 이 되도록 조정한다.

④ 이를 다른 용기(또는 suction flask)에 옮겨 잘 혼합한다. 이 중 10 mL을 15 mL 용량 원심분리 tube에 넣고 얼음에 10분 동안 묻어둔 후, 20% TCA 용액 3.3 mL 을 넣는다. 백색 침전물이 생성된다.

⑤ 자엽 내의 단백질 분석 순서 [A6~A8번] 과정을 수행한다. 단, 이 단백질은 자엽의 단백질보다 용해되기 어려우므로 0.1 N KOH(또는 NaOH)를 넣고 유리막대로 휘저으며 재용해하는 시간을 10분으로 늘려준다([A8]과 비교). 이 때 자석교반기를 사용하면 더욱 효과가 좋다. 갈색의 작은 입자들이 용해되면 누런 용액으로 된다. 이것을 Lowry 방법으로 분석한다.

⑥ 3일생 조직은 그대로 시료로 사용하며, 증류수를 이용하여 6일생은 4배, 9일생은 10배로 희석한 후, 각각 1.0 mL를 분석시료로 사용한다.

⑦ 이 후의 과정은 자엽 순서 [A10~A11]과 동일하다. Standard curve를 이용하여 생장과정에서 시간 별로 변화하는 어린 식물조직(줄기와 뿌리) 내의 단백질 함량을 구하여 〈양식 14-1〉에 그래프로 나타낸다.

## 4. 생각해보기

① 자엽의 단백질과 줄기/뿌리의 단백질을 추출하는 추출용액이 다른 이유를 생각해보자.

② 줄기/뿌리에서 단백질을 추출하기 위하여 약알칼리성 완충액을 사용하는 이유를 설명하시오.

③ 어린 식물이 생장하면서 자엽에 저장되어 있던 단백질 함량은 어떻게 변화하는지 설명하시오.

④ 자엽과 줄기/뿌리에 함유된 단백질 총량은 어린 식물이 생장할 때 어떠한 변화를 보이는지 설명하시오.

⑤ 이 실험에서는 자엽이 붙어있는 채로 어린 식물을 기른 후, 3, 6, 9일째 자엽을 떼어 분석하였다. 만일 줄기/뿌리 등의 수용부(sink)가 없다면 자엽에서 단백질의 가수분해 양상은 어떻게 달라질 것인지 예측하고 설명하시오.

# 결과 보고서

| 실험 14 생장중인 식물조직의 단백질 대사 정량 | | | | | |
|---|---|---|---|---|---|
| 조 | 학번 | 이름 | 실험일자 | 점수 | 기타 |
| | | | | | |

〈양식 14-1〉

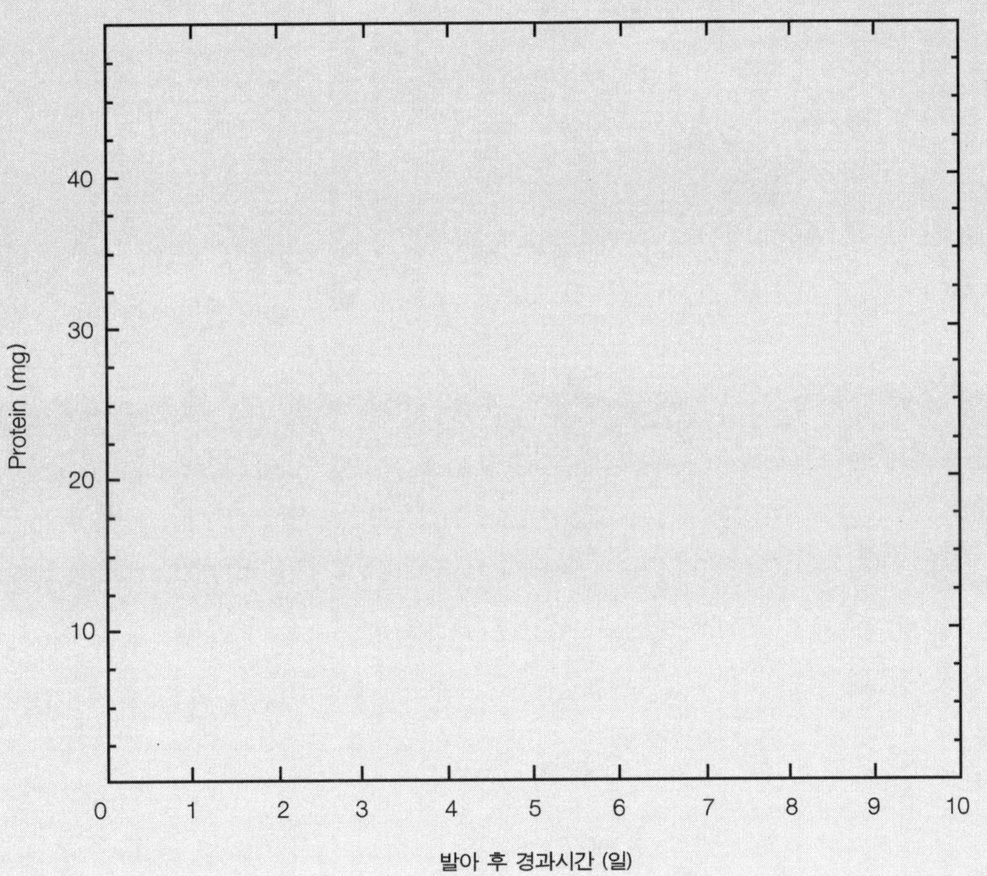

실험 15

# Nitrate reductase 합성을 유도하는 요인

## 1. 서론

식물 생장에 필수원소인 질소(N)는 질소고정 능력이 없는 식물의 경우, 토양에서 흡수되는 nitrate($NO_3^-$)나 암모늄($NH_4^+$)에서 유래된다. 이 가운데 nitrate($NO_3^-$)는 무기질소의 주요 흡수형태로, 토양미생물인 *Nitrosomonas*에 의해 $NH_4^+$에서 전환된 nitrite($NO_2^-$)가 *Nitrobacter*에 의해 다시 산화되어 $NO_3^-$로 전환된다. 뿌리를 통해 흡수된 $NO_3^-$는 nitrate reductase에 의해 $NO_2^-$로 환원되고, $NO_2^-$는 nitrite reductase에 의해 $NH_4^+$ 형태로 환원된다. $NH_4^+$는 아미노산의 일종인 glutamic acid로 편입되어 유기물 내 질소 형태로 대사에 참여한다. Nitrate reductase는 영양조직에서 몰리브덴(Mo)을 함유하는 단백질이며, 식물에서 Mo이 결핍되면 nitrate가 축적된다. Nitrate reductase는 molybdenum complex (MoCo), heme, FAD의 세 부분으로 구성된 dimer이다〈그림 15-1〉.

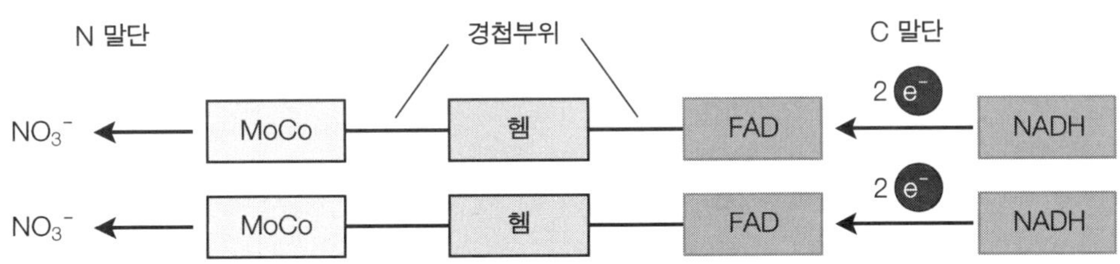


〈그림 15-1〉 Nitrate reductase의 dimer 모델

Nitrate reductase는 C 말단에서 NADH로부터 전자를 받아들여 N 말단을 거쳐 nitrate에 전달하여 nitrate가 nitrite로 전환되도록 한다(식 15-1).

$$NO_3^- + NAD(P)H + H^+ + 2e^- \rightarrow NO_2^- + NAD(P)^+ + H_2O \quad (식\ 15\text{-}1)$$

Nitrate reductase의 합성은 빛과 $NO_3^-$에 의해 유도된다고 알려져 있다. 일반적으로 어린 식물을 $NO_3^-$ 결핍 영양액을 공급하면서 어둠 속에서 기르면 식물체 내에 nitrate reductase 활성이 거의 없으나, $NO_3^-$를 공급하면 몇 시간 안에 이 효소의 합성이 유도된다. 이 때 빛을 비추어주면 합성이 크게 촉진된다. 옥수수의 경우, 어둠 속에서 생육할 때에는 $NO_3^-$를 주어도 nitrate reductase의 활성이 거의 나타나지 않지만, 1~2분 정도 빛을 비추어주면 2~4시간의 lag period를 거쳐 nitrate reductase의 생성이 급격하게 유도된다.

빛은 nitrate reductase의 serine 잔기를 탈인산화시켜 nitrate reductase를 활성화시키는 protein phosphatase의 활성을 촉진한다. 암처리를 하면 동일한 세린 잔기를 인산화시키는 protein kinase를 촉진하여 nitrate reductase를 불활성화시킨다고 알려졌다.

이 실험에서는 어린 보리 잎에서 nitrate reductase 활성에 대한 빛과 $NO_3^-$의 영향을 조사하고자 한다.

## 2. 실험 재료 및 기구

- 보리[a)]
- 1.0 mM $Na_2$EDTA가 포함된 0.2 M phosphate buffer (pH 7.5)[b)] 20 mL
- 2 mL 용량 pipette
- 10 mL 용량 pipette
- 3 mL 이상 용량 시험관 13개
- 완충 nitrate substrate 용액[c)] 25 mL
- 3.5 mM NADH[d)] 3 mL
- Nitrite color reagent[e)] 30 mL
- Homogenizer 또는 mortar & pestle
- 주사기에 부착한 50 mL 용량 micropipette
- 0.5 mL 용량 pipette 2개
- 저온 원심분리기
- 자
- 칼 또는 가위
- 저울
- 가루얼음
- Spectrophotometer

### 보리 재배 조건

a) Vermiculite 등에서 다음과 같이 4 그룹으로 나누어 재배한다. (그룹마다 10 개체씩)

  (1) Nitrate 함유 영양액, 어둠 속에서 8일간 생육.

  (2) Nitrate 함유 영양액, 어둠 속에서 7일간 생육 후 빛(500 ft-c 이상)에서 24시간 유지.

  (3) Nitrate 함유 영양액, 어둠 속에서 7일간 생육 후 첫 번째 잎을 떼어내어 10 mL $H_2O$에 넣고 빛(500 ft-c 이상)에서 24시간 유지.

  (4) Nitrate 결핍 영양액, 어둠 속에서 7일간 생육 후 빛(500 ft-c 이상)에서 24시간 유지.

### 영양액 제조 방법

Nitrate 함유 영양액은 [실험 4]의 완전 영양액과 동일하다. Nitrate 결핍 영양액은 $(NH_4)H_2PO_4$, $K_2SO_4$, $CaSO_4$, $MgSO_4$ 각 4 meq/L, $(NH_4)_2SO_4$ 8 meq/L를 함유하면 충분하다.

b) 0.2 M $Na_2HPO_4$ $7H_2O$(또는 $K_2HPO_4$) 84 mL에 0.2 M $NaH_2PO_4$를 pH 7.5가 될 때까지 (약 16 mL 소요) 조금씩 혼합한다. 이 실험에서는 $Na_2EDTA$를 최종농도 1 mM이 되도록 첨가한다.

c) 1 M phosphate buffer (pH 7.5) 12 mL, 0.1 M $KNO_3$ 60 mL, 10 mM $Na_2EDTA$ 12 mL, 1 M Tris-HCl (pH 7.5~8.0) 48 mL를 증류수 300 mL에 혼합하고, 4 N $H_2SO_4$를 이용하여 pH를 7.5에 맞춘다. 증류수를 넣어 총용량을 480 mL으로 한다. 이 용액을 오랜 기간 보관하려면 냉동실에 둔다. 〔1 M phosphate buffer (pH 7.5)는 0.2 M phosphate buffer (pH 7.5) 제조방법 가운데 0.2 M 대신 1 M의 인산염 용액을 사용하여 만든다. 1 M Tris-HCl (pH 7.5~8.0) 용액은 2 M Tris 용액 50 mL에 pH 7.5~8.0이 될 때까지 1 N HCl을 천천히 넣고, pH가 맞추어지면 증류수로 최종 용량 100 mL를 맞춘다.〕

d) 증류수 5.0 mL에 NADH 14 mg을 녹인 후 0.05 N NaOH 용액을 한 방울 떨어뜨

려 약알칼리성으로 만들어 활성이 떨어지는 것을 방지한다. 이렇게 만든 NADH 용액은 활성 저하 없이 3~4일 동안 냉장 보관할 수 있다.

e) 사용 직전에 증류수에 동일한 양의 1%(w/v) sulfanilamide(1.5 N HCl에 녹임)와 0.02%(w/v) (1-naphthyl)ethylenediamine dihydrochloride를 혼합한다. 두 용액은 갈색 병에 넣어 냉장 보관하여야 한다.

## 3. 실험 방법

① 각 실험조는 식물군 (1)~(4) 가운데 하나를 배정받아 nitrate reductase의 활성을 측정한다.

② 식물 10 개체에서 가장 먼저 자란 잎의 상단 부위 10 cm를 잘라내어 총 무게를 측정한다.

③ 잎 절편들을 얼음물에 담근다. 앞으로 nitrate reductase 추출과정은 모두 냉장고나 얼음 속에 보관한 차가운 용액과 초자기구를 사용하여야 한다. 실험 시작 전에 미리 차갑게 식혀 둔다.

④ 잎을 신속하게 흡수지 위에 올려놓아 물기를 제거하고, 잎 절편 무게의 3배에 해당하는 0.2 M phosphate buffer, pH 7.5(1 mM $Na_2EDTA$ 포함)에 넣고 분쇄기구(homogenizer 또는 막자사발)를 이용하여 곱게 간다. 분쇄기구를 가루얼음에 묻어 차갑게 유지하여야 한다.

⑤ 분쇄물을 저온에서 27,000 $\times g$로 15분 동안 원심분리한다.

⑥ 연한 황갈색의 상층액을 시험관에 옮겨 얼음 속에 보관한다. 이 상층액에 측정할 효소가 있다.

⑦ 시험관을 4개 준비한다. 1개는 blank로 사용한다. 시험관 I~III과 IV(blank)에 각각 완충 nitrate 기질용액 1.6 mL를 넣고 증류수 0.15 mL, 3.5 mM NADH 0.20 mL를 첨가한 후 잘 섞는다. 시험관 I~III에 ⑥에서 준비한 효소 추출용액 0.05 mL를 넣으면 효소반응이 시작된다. 시험관 IV(blank)에는 효소 추출용액 대신 증류수 0.05 mL를 넣는다. 잘 혼합한 후 실온에 15분 동안 보관한다.

⑧ Nitrite color reagent 2 mL를 각 시험관에 첨가하여 반응을 중단시킨다. 잘 혼합하여 실온에서 15분 동안 놓아둔다.

⑨ 용액이 분홍색으로 변하는데, 진한 정도는 $NO_3^-$로부터 생성된 $NO_2^-$의 양을 나타낸다.

⑩ Blank로 spectrophotometer를 0으로 보정한 후 540 nm에서 용액의 absorbance를 측정한다.

⑪ 각 실험조에서 얻은 data를 기록하고, 처리구 별로 잎 생체량 g당, 시간 당 생성된 nitrite의 평균값을 미리 준비한 standard curve(예 : 〈그림 15-2〉)를 이용하여 계산한 후 〈양식 15-1〉을 작성한다.

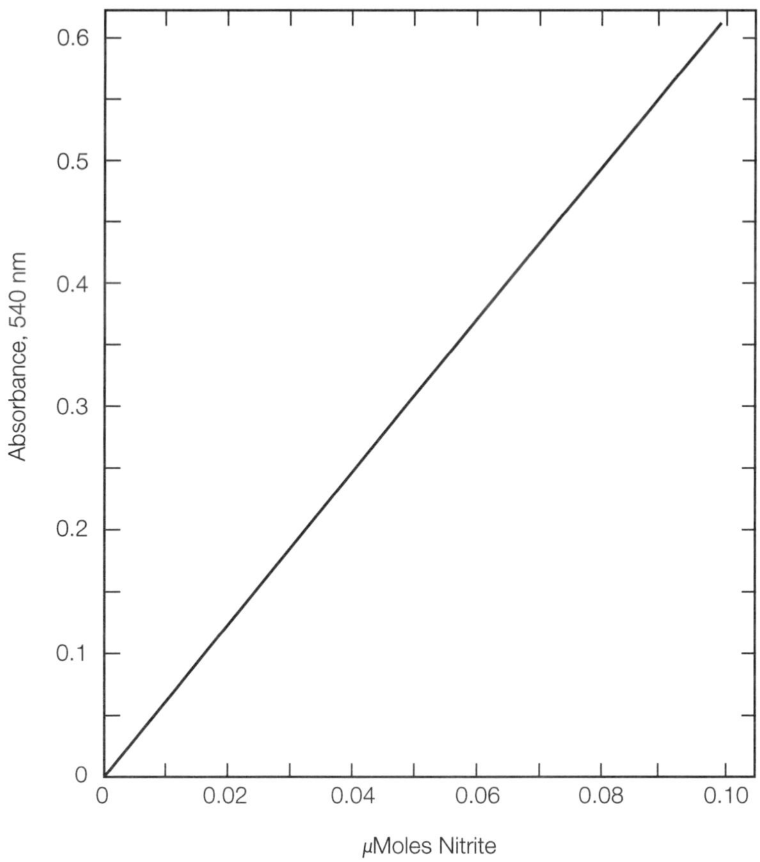


〈그림 15-2〉 Nitrite standard curve (효소 반응액 2 mL에 color reagent 2 mL을 첨가하여 최종 부피 4 mL)

## 4. 생각해보기

① 네 가지 처리군에 $NO_3^-$ 공급과 빛 처리를 다르게 한 이유에 대하여 설명하시오. 이러한 처리가 식물의 생육에 어떠한 일반적인 영향을 주었을지 논의하시오.

② 처리군 별로 얻은 결과를 바탕으로 nitrate reductase가 $NO_3^-$에 의해 유도 생성되었는지, 또는 빛에 의해 유도되었는지, 아니면 두 요인 모두에 의해 유도되었는지 논의하시오.

③ 자연 상태에서 식물이 생육할 때에 잎에서 nitrate reductase 활성도의 상대적 변화 양상은 어떻게 나타날까? 48시간 동안 나타날 변화 양상을 도표로 나타내시오.

④ 잎 조직 내에서 nitrate reduction 과정에서 사용되는 reducing power는 어떤 형태의 energy일까?

## 5. 실험 준비 일정

| 시간 | 준비 사항 | 기타 |
| --- | --- | --- |
| 7~8일 전 | 보리를 키운다 | |

# 결과 보고서

| 실험 15 Nitrate reductase 합성을 유도하는 요인 | | | | | |
|---|---|---|---|---|---|
| 조 | 학번 | 이름 | 실험일자 | 점수 | 기타 |
| | | | | | |

〈양식 15-1〉

| 처리 조건 | 잎 생체량 (g) | 시험관 | $OD_{540}$ | $NO_2^-$ (moles) | $NO_2^-$ $hr^{-1}$ $g^{-1}$ fresh weight (μmoles) | |
|---|---|---|---|---|---|---|
| (1) | | I | | | | 평균 |
| | | II | | | | |
| | | III | | | | |
| (2) | | I | | | | 평균 |
| | | II | | | | |
| | | III | | | | |
| (3) | | I | | | | 평균 |
| | | II | | | | |
| | | III | | | | |
| (4) | | I | | | | 평균 |
| | | II | | | | |
| | | III | | | | |

# 실험 16

# 식물 조직에서 수정된 Chomczynski 방법으로 RNA 추출

## 1. 서론

세포에서 RNA를 온전하게 추출하려면 추출과정 초기부터 세포의 내재성 RNase를 비활성화시켜야 RNA가 파괴될 위험이 크게 감소한다. RNA를 추출하는 방법은 대개 세포를 파괴하여 내용물을 용해하는 동시에 내재성 RNase를 제거하기 위해 guanidinium hydrochloride나 guanidinium thiocyanate 등의 강력한 변성화물질을 사용한다.

1987년 Chomczynski와 Sacchi는 guanidium thiocyanate로 용해한 homogenate를 낮은 pH 조건에서 phenol : chloroform으로 한 단계로 추출하는 방법을 개발하였다. 이 방법은 초원심분리 과정을 생략할 수 있어서 여러 시료에서 동시에 빠르게 RNA를 추출할 수 있으며, RNA의 양이나 품질 면에서 손실을 줄일 수 있다. 그렇지만 이 방법은 다당류와 proteoglycan이 풍부한 조직에서는 그대로 사용하기 어렵다. 이러한 물질이 있으면 alcohol로 RNA를 침전시킨 후 재용해하기 어려우며, 역전사-중합효소연쇄반응(RT-PCR)이 억제되고, RNA 블러팅 과정에서 막에 결합하는 현상이 나타난다. 특히 식물 조직에서는 광합성 산물로서 다당류가 풍부하게 존재하기 때문에 약간의 수정이 필요하다.

1993년 Chomczynski는 이러한 문제를 해결하기 위해 수정된 방법을 개발하였다. 이 방법에서는 RNA와 DNA, 단백질을 동시에 추출할 수 있다. 이 방법에서도 역시 guanidine isothiocyanate와 phenol의 단상 용액(monophasic solution)을 이용하여 세포를 용해한다. 여기에 chloroform을 첨가하면 유기용매 상(phase)이 생기는데, DNA와 protein은 유기용매 상에, RNA는 수용성 상에 있게 된다. DNA와 protein은 각각 ethanol과 isopropanol로 일련의 침전과정을 거치면 유기용매 상에서 분리할 수 있다. 유기용매 상에서 추출한 DNA는 약 20 kb 크기를 가지며 PCR 주형으로 적절하다. 그러나 protein은 guanidine과 접촉하여 변성된 상태이며 주로 immunoblotting에 사용된다. isopropanol을 이용하여 수용성 상에서 추출한 RNA는 oligo(dT)-cellulose column을 이용하여 더욱 순화하거나 그 상태로 Northern blot hybridization이나 역전사-PCR(RT-PCR)에 사용할 수 있다.

RNA를 추출하는 과정은 RNase-free 상태로 유지하여야 한다. 시약은 RNA 전용으로 만들어 따로 보관한다. Glassware는 180℃에서 12시간 동안 구워 사용하며, plastiware는 0.5% SDS, 50 mM EDTA 용액에 12시간 동안 담가둔 후, 0.05% DEPC(diethyl pyrocarbonate) 용액에서 12시간 동안 세척하고 가압멸균한 후 사용하도록 한다.

## 2. 실험 재료 및 기구

- 시금치 잎 500 mg
- liquid nitrogen
- Mortar & Pestle
- Monophasic Lysis Buffer[a)]
- chloroform
- ethanol
- isopropanol
- RNA Precipitation Solution[b)]
- 3M sodium acetate (pH 5.2)
- phosphate-buffered saline (ice cold)
- DEPC-treated $H_2O$[c)]
- polypropylene snap-cap tube (Falcon tube)
- Centrifuge & Microfuge
- UV spectrophotometer

## 실험 준비

a) Trizol Reagent, TRI Reagent 등 시판 시약을 사용한다.

b) 1.2M NaCl, 0.8M sodium citrate가 되도록 DW에 녹인 후 DEPC를 0.1%로 맞추어 넣고 흔들면서 섞는다. 상온에서 8시간 또는 37℃에서 2시간 이상 둔다.

c) 깨끗한 증류수에 DEPC를 1% (v/v) 되도록 넣고 30분 이상 교반한 후, 상온에서 밤새 두거나 37℃에서 2시간 이상 둔다.

## 3. 실험 방법

① 식물의 잎을 잘게 잘라 즉시 액체질소에 담근다.

② 액체질소가 담긴 막자사발에 얼린 식물조직을 넣고 곱게 간다. 〔주의 : 조직이 냉동된 상태를 유지하여야 한다.〕

③ Falcon tube에 차가운 Monophasic Lysis Buffer 1 mL을 넣은 후, 마쇄한 조직을 넣는다.

④ 실온에서 polytron homogenizer를 이용하여 15~30초 동안 homogenize한다.

⑤ 실온에서 5분 동안 방치하여 nucleoprotein 복합체가 완전하게 분리되도록 한다.

⑥ Monophasic Lysis Buffer 1 mL 당 chloroform 0.2 mL 넣고 강력하게 흔들거나 vortex를 이용하여 잘 섞는다. 〔참고 : chloroform 대신에 1-bromo-3-chloropropane을 0.1 mL 넣을 수도 있다. chloroform보다 독성이 덜하고 phase 분리시 DNA가 포함될 가능성이 낮다.〕 실온에서 10분 정도 둔다.

⑦ 혼합물을 4℃에서 15분 동안 10,000×*g*로 원심분리하여 두 층으로 분리한다. 〔참고 : DNA와 protein은 유기용매 phase로, RNA는 수용성 phase로 분리된다.〕

⑧ 수용성 phase를 새 tube로 옮긴다. 〔주의 : 중간과 아래층에 있는 DNA와 protein이 따라오지 않도록 조심한다.〕

⑨ Monophasic Lysis Buffer의 처음 부피에 대해 1 mL마다 isopropanol 0.25 mL, RNA Precipitation Solution 0.25 mL씩 넣는다. 〔참고 : 원래의 protocol에서는 isopropanol을 0.5 mL 넣는다. 여기에서 수정한 내용은 proteoglycan과

polysaccarides가 오염되는 정도를 크게 줄이기 위한 것이다.〕 잘 섞은 후 실온에서 5~10분 동안 둔다.

⑩ 4℃에서 Microfuge를 이용하여 최대속도로 10분 동안 원심분리하여 RNA를 침전시킨다. 침전물을 75% ethanol로 씻은 후 다시 원심분리한다. Ethanol을 제거한 후 tube 뚜껑을 연 채로 두어 남아있는 ethanol을 건조시킨다. 〔주의 : 완전하게 마르지 않도록 한다.〕

⑪ DEPC-$H_2O$ 50~100 μL를 넣어 RNA를 녹인 후 -70℃에 저장한다. 〔참고 : 정제된 RNA는 stabilized formamide 50~100 μL에 녹여 -20℃에 저장하기도 한다. 여기에 4배 부피의 ethanol을 넣어 원심분리하면 RNA를 회수할 수 있다.〕

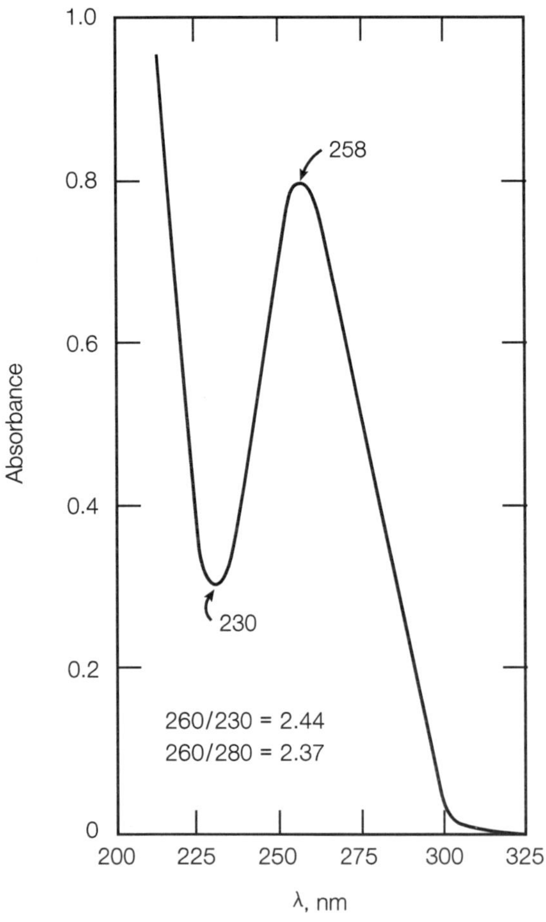


〈그림 16-1〉 순수정제된 완두 자엽 RNA의 흡수 파장

### 추출한 RNA 농도 측정

① UV spectrophotometer를 DW를 이용하여 blank = 0으로 조정한다.

② 측정하고자 하는 RNA를 DW로 적절하게(예, 500배) 희석한 후 260 nm와 280 nm에서 각각 흡광도를 측정한다〈양식 16-1〉. 〈그림 16-1〉은 완두에서 추출한 RNA 흡수파장의 한 예이다.

③ $OD_{260}/OD_{280}$ 비율을 계산한다.

④ 다음 식을 이용하여 RNA의 농도를 계산한다.

$$\text{RNA}\,(\mu g/mL) = OD_{260} \times \text{DNA 측정 상수값}\,(40\,\mu g/mL) \times \text{희석비율}$$

## 4. 생각해보기

① 일반적으로 성숙한 식물조직 내의 RNA 함량(생체량 기준)이 어린 식물조직보다 적은 이유를 설명하시오.

② RNA 분석을 위한 다른 기술을 열거하고 그 원리를 설명하시오.

# 결과 보고서

| 실험 16 식물 조직에서 수정된 Chomczynski 방법으로 RNA 추출 | | | | | |
|---|---|---|---|---|---|
| 조 | 학번 | 이름 | 실험일자 | 점수 | 기타 |
| | | | | | |

〈양식 16-1〉

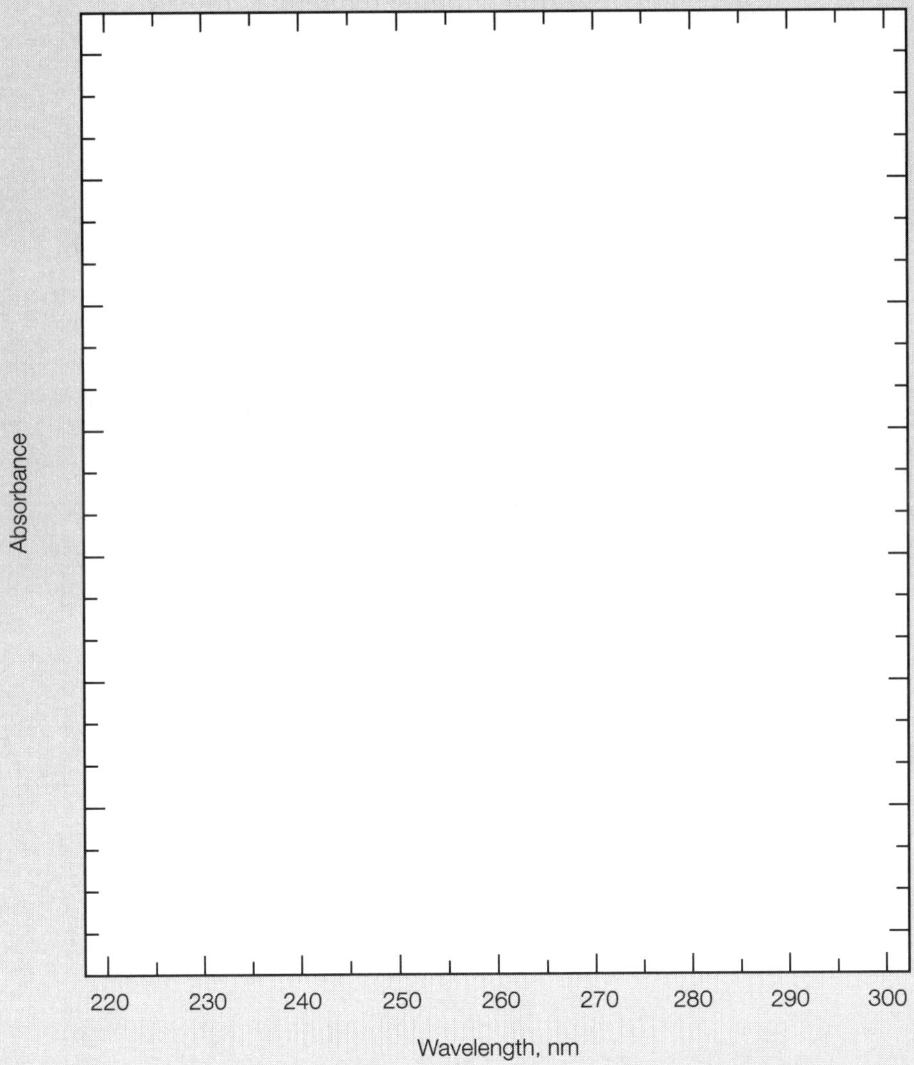

# 실험 17

# Phenol/SDS/LiCl을 이용한 RNA 분리

## 1. 서론

총 RNA 분리 방법의 하나로 guanidium hot-phenol 방법이 있다. 이 방법은 산성 조건에서 RNA는 4M guanidine thiocyanate를 포함하는 용액의 수용액상(aqueous phase)에 위치하며, DNA와 단백질은 phenol-chloroform의 유기용매상(organic phase)에 위치한다는 사실을 이용한 것이다. 추출용액과 페놀의 온도를 65℃로 사용함으로써 hot-phenol 추출법이라고 한다. 주로 phenol과 guanidine isothiocyanate를 단일 액상(monophasic)으로 만들어 추출한다. 이 용액에 클로로포름을 첨가하면 두 번째로 유기용매상을 형성하는데, 여기에 DNA와 단백질이 존재하게 되며, RNA는 수용성의 상층액에 존재하게 된다. DNA와 단백질은 각각 ethanol과 isopropanol 침전법으로 추출할 수 있다.

탄수화물이나 phenolic compound 등이 많이 포함되어 있는 식물조직에서 총 RNA를 분리할 경우에는 hot-phenol로 추출한 다음 높은 농도의 LiCl 침전 방법을 이용하면 RNA를 더욱 순수하게 분리할 수 있다. LiCl(0.8 M~2M)은 주로 높은 ethanol 농도에서 이용된다. RNA를 침전시킬 때, LiCl은 높은 농도의 ethanol 용액에서 매우 잘 녹기 때문에 핵산과 함께 침전되지 않는다. 높은 농도의 LiCl 용액은 RNA의 크기에 따라 RNA를 용해하는 정도가 다르기 때문에, RNA 정제에 많이 사용된다. 그러나 RNA를 무세포 번역 또는 역전사과정에 이용하고자 할 때는 LiCl를 이용할 수 없는데, $Cl^-$이 단백질 합성의 개시를 방해하고 RNA 의존성 DNA 중합효소의 활성을 억제하기 때문이다.

## 2. 실험 재료 및 기구

- 시금치 잎
- liquid nitrogen
- Mortar & Pestle
- Extraction buffer[a)]
- TLE solution[b)]
- TLE-equilibrated phenol
- chloroform
- phenol/chloroform (1 : 1)
- 2M LiCl
- 8M LiCl
- 3M sodium acetate (pH 5.2)
- TE[c)]
- DEPC-treated $H_2O$[d)]
- 15-mL Oak Ridge centrifuge tube
- 50-mL Corning tube
- Centrifuge
- UV spectrophotometer

## 실험 준비

a) Extraction buffer : 0.18 M Tris-HCl (pH 8.5), 90 mM LiCl, 4.5 mM EDTA, 1% SDS

b) TLE solution : 0.2 M Tris-HCl (pH 8.5), 0.1M LiCl, 5 mM EDTA

c) TE : 10 mM Tris-HCl, 1 mM EDTA (pH 8.0)

d) 깨끗한 증류수에 DEPC를 1% (v/v) 되도록 넣고 30분 이상 교반한 후, 상온에서 밤새 두거나 37℃에서 2시간 이상 둔다.

## 3. 실험 방법

### 3-1 조직 마쇄와 단백질 제거

① 액체질소가 담긴 막자사발에 얼린 식물조직을 5 g 정도 넣고 곱게 간다. [주의 :

조직이 냉동된 상태를 유지하여야 한다.〕

② Extraction buffer 5 mL와 TLE-equilibrated phenol 2.5 mL를 넣는다. 〔참고 : 조직의 부피에 따라 양이 달라질 수 있다.〕

③ Homogenizer에서 마쇄한 후 15-mL 원심분리 tube로 옮긴다.

④ chloroform 2.5 mL로 homogenizer를 세척하여 혼합물과 섞는다.

⑤ 50℃에서 20분 동안 가끔씩 흔들어 준다.

⑥ 4℃에서 10,000 rpm으로 20분 동안 원심분리한다.

⑦ 상층액을 새 tube로 옮긴다. 〔주의 : 중간층이 따라오지 않도록 한다.〕

⑧ phenol/chloroform으로 추출한다. 중간층이 없어질 때까지 3회 정도 반복한다.

⑨ 상층액을 chloroform으로 추출한다.

### 3-2 RNA의 선택적 침전

① 상층액을 50-mL Corning tube에 옮기고 8 M LiCl을 1/3 부피 첨가하여 최종농도 2 M LiCl로 맞춘다.

② 4℃에서 하룻밤 둔다.

③ 4℃에서 10,000 rpm으로 20분 동안 원심분리한다.

④ 침전물을 2 M LiCl로 씻은 후, 10,000 rpm으로 2~3분 동안 원심분리한다.

⑤ DEPC-$H_2O$ 600 μL에 녹인 후 E-tube로 옮긴다.

⑥ 8 M LiCl 200 μL를 넣고 4℃에서 2시간 이상 둔다.

⑦ 4℃에서 12,000 rpm으로 15분 동안 원심분리한다.

⑧ 상층액을 버리고 2 M LiCl로 씻는다. 피펫을 사용하여 상층액을 완전하게 제거한다.

⑨ 침전물을 DEPC-$H_2O$ 400 μL에 녹인다. 필요하면 phenol/chloroform과 chloroform으로 반복하여 추출한다.

⑩ 3 M sodium acetate 40 μL와 100% EtOH 900 μL를 넣는다.

⑪ -20℃에서 하룻밤 둔다.

⑫ 4℃에서 12,000 rpm으로 15분 동안 원심분리한다.

⑬ 75% EtOH 1 mL로 씻은 후 말린다.

⑭ RNase-free TE 160~200 μL에 RNA를 녹인 후 -80℃에 저장한다.

### 추출한 RNA 농도 측정

① UV spectrophotometer를 DW를 이용하여 blank = 0으로 조정한다.

② 측정하고자 하는 RNA를 DW로 적절하게(예, 500배) 회석한 후 260 nm와 280 nm에서 각각 흡광도를 측정하고, $OD_{260}/OD_{280}$ 비율을 계산한다〈양식 17-1〉.

③ 다음 식을 이용하여 RNA의 농도를 계산한다.

$$RNA\ (\mu g/mL) = OD_{260} \times \text{RNA 측정 상수값}\ (40\ \mu g/mL) \times \text{희석비율}$$

## 4. 생각해보기

① 일반적으로 성숙한 식물조직 내의 RNA 함량(생체량 기준)이 어린 식물조직보다 적은 이유를 설명하시오.

② RNA 분석을 위한 다른 기술을 열거하고 그 원리를 설명하시오.

# 결과 보고서

| 실험 17 Phenol/SDS/LiCl을 이용한 RNA 분리 | | | | | |
|---|---|---|---|---|---|
| 조 | 학번 | 이름 | 실험일자 | 점수 | 기타 |
| | | | | | |

〈양식 17-1〉

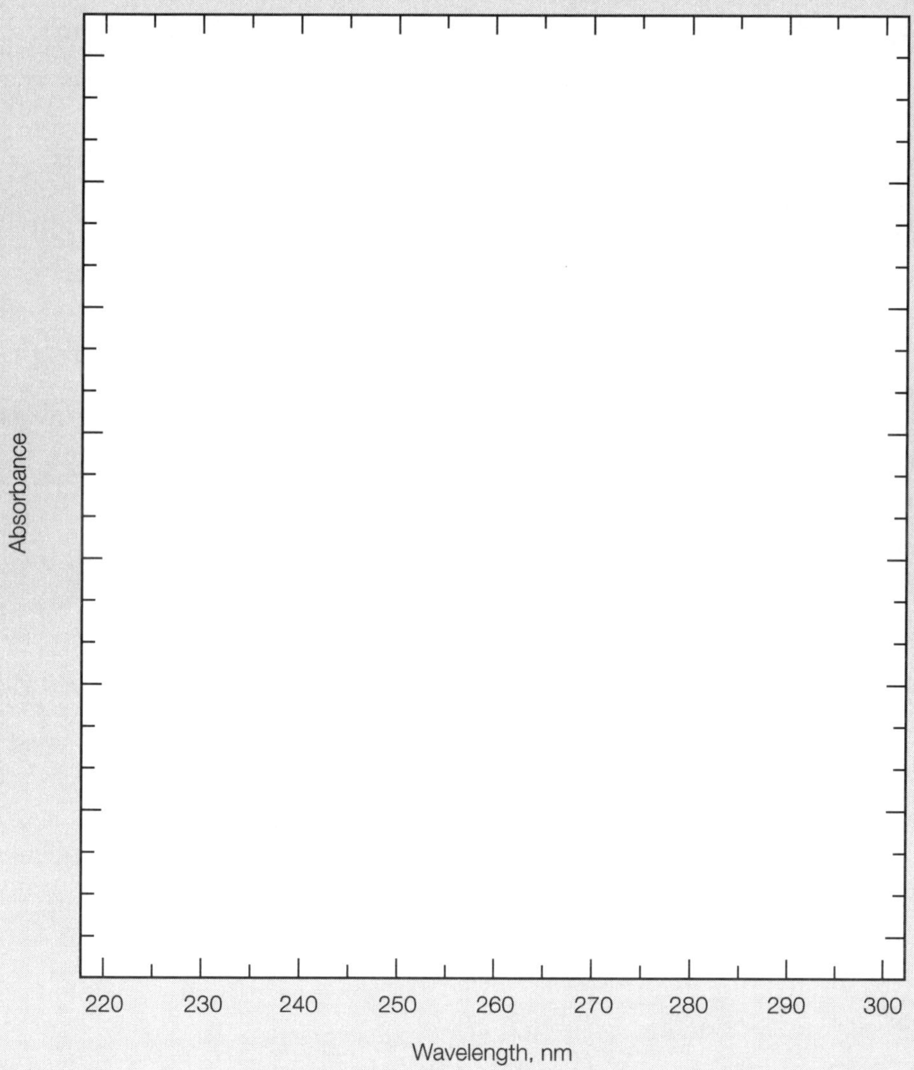

실험 18

# 어린 식물 잎에서 genomic DNA 추출

## 1. 서론

식물세포는 엽록체를 비롯하여 식물세포에만 존재하는 구조와 기능을 가지고 있으며, 이와 관련된 유전자 및 유전 현상들을 분자 수준에서 이해하려 노력하고 있다. 또한 식물세포는 전형성능(totipotency)을 가지고 있어 조직배양을 통한 형질전환(transformation) 과정이 동물에 비해 매우 쉽기 때문에, 외래 유전자를 식물세포에 도입하여 유용한 물질을 대량생산하는 일이 가능하다. 이러한 형질전환 과정은 식물 유전자를 cloning하여 재조합 DNA 기술을 이용하여 유전자를 조작한 후 식물에 재도입하고 발현양상을 조사하여 이루어지는데, 이러한 연구 결과를 응용하여 품종 개량과 유용물질 생산 등에 이용한다.

식물세포에는 핵 이외에 엽록체, 미토콘드리아에도 DNA가 존재한다. DNA는 세포핵 내에 대부분 존재하며, 핵 DNA는 염기성 단백질인 히스톤을 비롯한 핵 단백질과 결합한 복합체인 크로마틴 형태로 존재한다. 이 때문에 DNA를 추출하고 정제할 때에는 단백질을 제거하여야 한다. 일반적으로 단백질 변성제인 SDS(sodium dodecyl sulfate)와 단백질분해효소(proteinase K)를 처리한 후 phenol/chloroform을 이용하여 단백질을 변성시킨 후 제거하여 DNA를 추출한다. 핵에 존재하는 RNA는 RNA 분해효소(ribonuclease)로 제거한 후 에탄올과 염으로 DNA를 침전시켜 추출 정제한다.

DNA 시료는 DNA 분해가 거의 일어나지 않는 조건에서 저장해야 한다. 장기 저장을 위해서는 탈아미드화를 방지하기 위해 pH 8.5 이상, 0.15M NaCl과 10mM의 EDTA를 포함하는 용액에서 보관하여야 한다. DNA는 반복적인 동결과 해빙에 의해 분해될 수 있으므로 4~6℃ 사이의 온도에서 보관하는 것이 적절하며, 장기 저장(5년 이상)할 때에는 −70℃ 정도의 온도가 적당하다. −20℃에서는 분자와 결합한 물이 완전히 얼지 않기 때문에 DNA 분자가 절단될 수 있다.

추출한 DNA 농도는 UV spectrophotometer를 이용하여 측정한다. 이중나선 DNA 염기의 퓨린과 피리미딘은 260 nm에서 최대 흡광도를 가진다. 이중나선 DNA인 경우 1 mg/mL 농도인 DNA의 흡광도는 $OD_{260}$ = 20이 되며, DNA 농도와 $OD_{260}$ 값은 정비례 관계를 가지므로 $OD_{260}$ 값이 1일 경우 DNA 양은 50 μg/mL이 된다. 이 관계식은 G+C 함량이 50%인 이중나선 DNA에서 적용되며, RNA와 단백질, 유기용매 등에 의해 영향을 받을 수 있다. 따라서 $OD_{280}$ 값을 측정한 후, $OD_{260}/OD_{280}$ 값을 구하면 DNA의 순수한 정도를 알 수 있다. 순수한 *E. coli*의 DNA는 $OD_{260}/OD_{280}$ 값이 약 1.95이며, 이 비율은 DNA의 전체 염기조성에 따라 달라진다. 이 값이 1.8 미만이면 단백질이나 페놀이 오염된 것이므로 추가 정제해야 한다.

## 2. 재료 및 기구

- 식물의 어린 잎 조직
- 추출완충액(Extraction Buffer, EB)[a)]
- 20% SDS
- 5M potassium acetate (pH 7.5)
- isopropanol
- 50mM Tris, 10mM EDTA (pH 8.0)
- 10mM Tris, 1mM EDTA (pH 8.0)
- 3M sodium acetate (pH 5.2)
- 80% ethanol
- 10 mL pipette
- 1 mL pipette
- 30 mL 시험관 (Oak Ridge tube)
- paper towel
- 가루얼음 또는 얼음큐브
- Miracloth (Calbiochem)
- 액체질소 (liquid nitrogen)
- 막자사발 (차게 식힌 것)
- Microfuge (소형 고속원심분리기)

## 실험 준비

a) 추출완충액(Extraction Buffer, EB) :
100mM Tris Cl (pH 8.0); 50mM EDTA (pH 8.0);
500mM NaCl; 10mM $\beta$-mercaptoethanol.

## 3. 실험방법

① 0.5 g의 잎 조직을 액체질소에서 급속 냉동시켜 막자사발로 곱게 간 후, 30 mL Oak Ridge tube에 액체질소와 함께 넣는다. [주의: 완충용액을 넣기 전에는 조직이 녹지 않도록 주의한다.]

② 추출완충액(EB) 15 mL을 넣는다.

③ 20% SDS를 1.0 mL 넣고 세게 흔들면서 잘 섞은 후, 65℃에서 최소 10분 동안 배양한다.

④ 5M potassium acetate를 5.0 mL 넣고 세게 흔들며 잘 섞은 후, 0℃에 최소 20분 동안 둔다. [참고: 대부분의 단백질과 다당류가 불용성 potassium dodesyl sulfate와 복합체를 이루어 침전된다.]

⑤ 8,000×*g*, 4℃에서 20분 동안 원심분리한다.

⑥ 상층액을 miracloth filter로 걸러 isopropanol 10 mL이 들어있는 깨끗한 30 mL tube에 넣는다. 잘 섞은 후 -20℃에서 30분 동안 둔다.

⑦ 8,000×*g*에서 15분 동안 원심분리하여 DNA를 침전시킨다.

⑧ 상층액을 천천히 따라 버리고, 80% ethanol로 씻은 후 tube를 paper towel 위에 10분 동안 거꾸로 세워 두어 침전물을 살짝 말린다.

⑨ 50mM Tris, 10mM EDTA (pH 8.0) 0.7 mL에 DNA 침전물을 다시 녹인 후 새로운 Eppendorf tube로 옮긴다. 소형 고속원심분리기(microfuge)에서 10분 동안 원심분리하여 불용성 찌꺼기를 제거한다.

⑩ 상층액을 새 Eppendorf tube로 옮긴 후 3M sodium acetate 75 μl와 isopropanol 500 μl를 첨가한다. Microfuge에서 30초 동안 원심분리하고 80% ethanol로 씻은 후,

10mM Tris, 1mM EDTA (pH 8.0) 100 μl에 다시 녹인다. [참고: 비교적 적은 양(부피의 약 0.6배)의 isopropanol과 0.3M sodium acetate 조건에서 침전시키면 고-분자량 DNA가 다당류와 분리된다. Sodium acetate로 인해 단단한 섬유성 침전물이 생성되어 쉽게 씻고 말릴 수 있다. 이 후 4℃에서 1시간 동안 가볍게 흔들면서 물에 녹이면 DNA가 쉽게 용해된다.]

⑪ DNA를 분석하기 직전에 상온에서 5분간 1,000×*g* 정도로 원심분리한 후 상층액의 70% 정도만 사용한다. [참고: 아래에 있는 끈적거리는 부분은 다당류이다.]

### 추출한 DNA 농도 측정

① UV spectrophotometer를 DW를 이용하여 blank = 0으로 조정한다.

② 측정하고자 하는 DNA를 DW로 적절하게(예, 100배) 희석한 후 260 nm와 280 nm에서 각각 흡광도를 측정한다〈양식 18-1〉.

③ $OD_{260}/OD_{280}$ 비율을 계산한다. 1.8 이상이면 순수한 DNA이다.

④ 다음 식을 이용하여 DNA의 농도를 계산한다.

$$OD_{260} \times \text{DNA 측정 상수값}(50) \times \text{희석비율}\ (\mu g/mL)$$

## 4. 생각해보기

① 어린 잎 조직을 사용하는 까닭은 무엇일까?

② 식물의 잎에 탄수화물이 많이 함유되어 있다면 DNA 추출이 어렵게 된다. 이럴 때에는 [실험 19] 등의 다른 방법을 이용할 수 있다. 그러나 그럴 수 없는 상황이라면 어떻게 하면 좋을까?

③ 정제한 DNA를 확인하는 방법에 대해 알아보자.

# 결과 보고서

| 실험 18 어린 식물 잎에서 genomic DNA 추출 | | | | | |
|---|---|---|---|---|---|
| 조 | 학번 | 이름 | 실험일자 | 점수 | 기타 |
| | | | | | |

〈양식 18-1〉

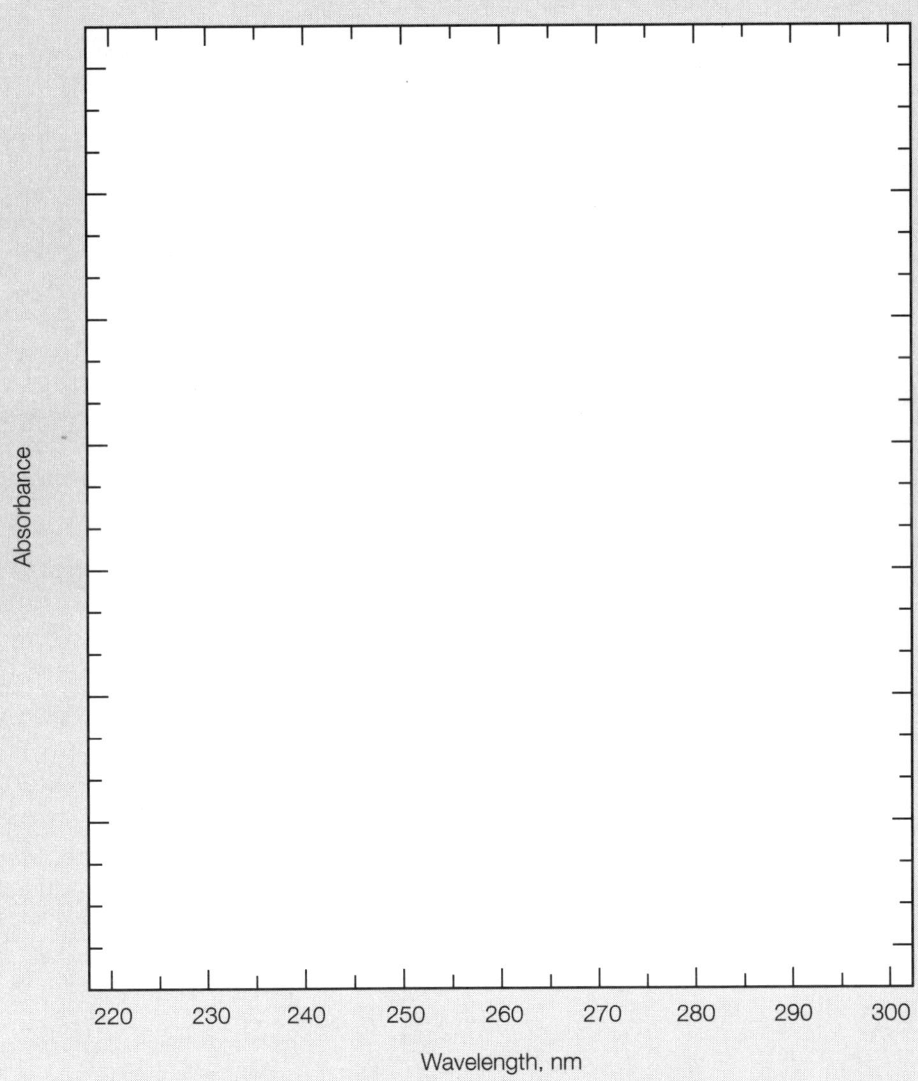

# 실험 19

# CTAB을 이용한 식물의 genomic DNA 추출

## 1. 서론

식물세포는 동물세포와는 달리 셀룰로오스와 펙틴 등의 섬유소를 함유한 단단한 세포벽으로 둘러싸여 있으며, 탄수화물, 2차 대사산물 및 핵산분해효소를 많이 포함하고 있어 DNA를 순수하게 분리하기 어렵다. 세포벽 성분은 액체 질소를 이용하여 막자사발에서 식물 조직을 분쇄하여 제거한다. 이후 단계는 동물이나 세균에서 유전체를 분리하는 방법과 매우 유사하지만, 탄수화물의 양을 줄이기 위해 유전체를 분리하기 전에 2~3일 동안 식물체를 암소에 보관하는 것이 좋다. 특히 양이온 세제인 CTAB(cetyltrimethylammonium bromide)을 이용하면 탄수화물을 제거하는데 효과적이다.

CTAB은 cetrimonium bromide(hexadecyltrimethylammonium bromide, $(C_{16}H_{33})N(CH_3)_3Br$)라고도 하며 cetrimonium (or hexadecyltrimethylammonium) 양이온은 세균과 균류에 대해 효과적인 방부작용을 나타낸다. CTAB은 양이온성 세정제로 이온세기(ion strength)가 낮은 용액에서 핵산과 산성 다당류를 침전시키며, 단백질과 중성 다당류는 용액에 녹은 채로 남아 있게 된다. 그러나 이온세기가 높은 용액에서는

CTAB이 단백질 및 대부분의 산성 다당류와 복합체를 형성하지만, 핵산은 침전시키지 않는다. 따라서 식물과 일부 그람-음성 세균처럼 다당류를 대량으로 함유하는 조직에서 DNA를 추출하는데 특히 유용하다[실험 18 참조].

## 2. 재료 및 기구

- 식물의 잎 조직
- 2×CTAB[a)]
- 1×CTAB
- 10% CTAB[b)]
- PPT buffer[c)]
- STE[d)]
- 10×RNase solution[e)]
- isopropyl alcohol
- TE[f)]
- $CHCl_3$/IAA[g)]
- 70% ethanol
- 액체질소 (liquid nitrogen)
- 막자사발 (차게 식힌 것)
- Microfuge (소형 고속원심분리기)

### 실험 준비

a) 2 × CTAB : [2% CTAB ; 0.1M Tris·Cl (pH 8.0) ; 1.4M NaCl ; 1% PVP]

| | |
|---|---|
| CTAB (cetyltrimethylammonium bromide) | 4 g |
| 1M Tris·Cl (pH 8.0) | 20 mL |
| 0.5M NaCl | 56 mL |
| PVP (polyvinylpyrolidine) | 2 g |
| $dH_2O$ | to 200 mL |

b) 10% CTAB : [10% CTAB ; 0.7M NaCl]

Dissolve 2 g of CTAB in 17 mL H2O, add 2.8 mL 5M NaCl.

| | |
|---|---|
| $dH_2O$ | to 20 mL |

c) PPT buffer : [1% CTAB ; 5mM Tris·Cl (pH 8.0) ; 10mM EDTA (pH 8.0)]

| | |
|---|---|
| CTAB | 1 g |
| 1M Tris·Cl (pH 8.0) | 5 mL |
| 0.5M EDTA | 0.2 mL |

| | |
|---|---|
| $dH_2O$ | to 100 mL |

d) STE : [1M NaCl; 10mM Tris · Cl (pH 8.0); 1mM EDTA (pH 8.0)]

| | |
|---|---|
| 5M NaCl | 20 mL |
| 1M Tris · Cl (pH 8.0) | 1 mL |
| 0.5M EDTA | 0.2 mL |
| $dH_2O$ | to 100 mL |

e) 10 × RNase solution : [10 μl/mL RNase A]

f) TE : [10mM Tris · Cl (pH 8.0); 1mM EDTA (pH 8.0)]

g) $CHCl_3$/IAA : chloroform/isoamyl alcohol (24 : 1, v/v)

## 3. 실험방법

① 5 g의 잎 조직을 액체질소에서 급속 냉동시킨 후 막자사발로 곱게 간다. [주의 : 완충용액을 넣기 전에는 조직이 녹지 않도록 주의한다.]

② 약 70℃의 2 × CTAB 5 mL을 넣은 후 55℃에서 10분간 둔다. [참고 : 조직 1 g 당 1 mL]

③ $CHCl_3$/IAA 5 mL을 넣은 후 실온에서 30분 동안 천천히 저어준다.

④ 실온에서 1,000×*g*로 15분 동안 원심분리한다.

⑤ 상층액에는 $CHCl_3$/IAA 5 mL을, 하층액에는 1 × CTAB 5 mL을 넣고 실온에서 10분 동안 천천히 저어준다. 각각의 상층액을 15-mL tube에 함께 모은다. [참고 : 조직 1 g 당 1 mL]

⑥ 10% CTAB를 전체 부피의 0.1배 만큼 넣고 뒤집으며 섞은 후, 50-mL 원심분리 튜브로 옮긴다.

⑦ PPT buffer를 동량 넣은 후, 실온에서 30분 동안 뒤집으며 섞는다.

⑧ 실온에서 1,000×*g*로 15분 동안 원심분리한 후, 침전물에 STE 5 mL을 넣은 후, 55℃에서 녹을 때까지 둔다.

⑨ isopropyl alcohol 5 mL을 넣은 후 뒤집으며 섞는다.

⑩ 실온에서 1,000×*g*로 10분 동안 원심분리한 후, 침전물에 70% ethanol을 5 mL 넣는다.

⑪ 실온에서 1,000×*g*로 10분 동안 원심분리한다.

⑫ TE 3 mL을 넣은 후, 55℃에서 녹을 때까지 둔다.

⑬ 10 × RNase 0.3 mL을 넣고, 55℃에서 30분 동안 둔다.

⑭ -20℃에 저장한다.

### 추출한 DNA 농도 측정

① UV spectrophotometer를 DW를 이용하여 blank = 0으로 조정한다.

② 측정하고자 하는 DNA를 DW로 적절하게(예, 100배) 희석한 후 260 nm와 280 nm에서 각각 흡광도를 측정한다〈양식 19-1〉.

③ $OD_{260}/OD_{280}$ 비율을 계산한다. 1.8 이상이면 순수한 DNA이다.

④ 다음 식을 이용하여 DNA의 농도를 계산한다.

$OD_{260}$ × DNA 측정 상수값(50) ×희석비율 (μg/mL)

## 4. 생각해보기

① 당질이 풍부한 조직에서 DNA를 추출할 때에 SDS 대신 CTAB을 사용하는 까닭은 무엇일까?

② 정제한 DNA를 확인하는 방법에 대해 알아보자.

# 결과 보고서

| 실험 19 CTAB을 이용한 식물의 genomic DNA 추출 | | | | | |
|---|---|---|---|---|---|
| 조 | 학번 | 이름 | 실험일자 | 점수 | 기타 |
| | | | | | |

〈양식 19-1〉

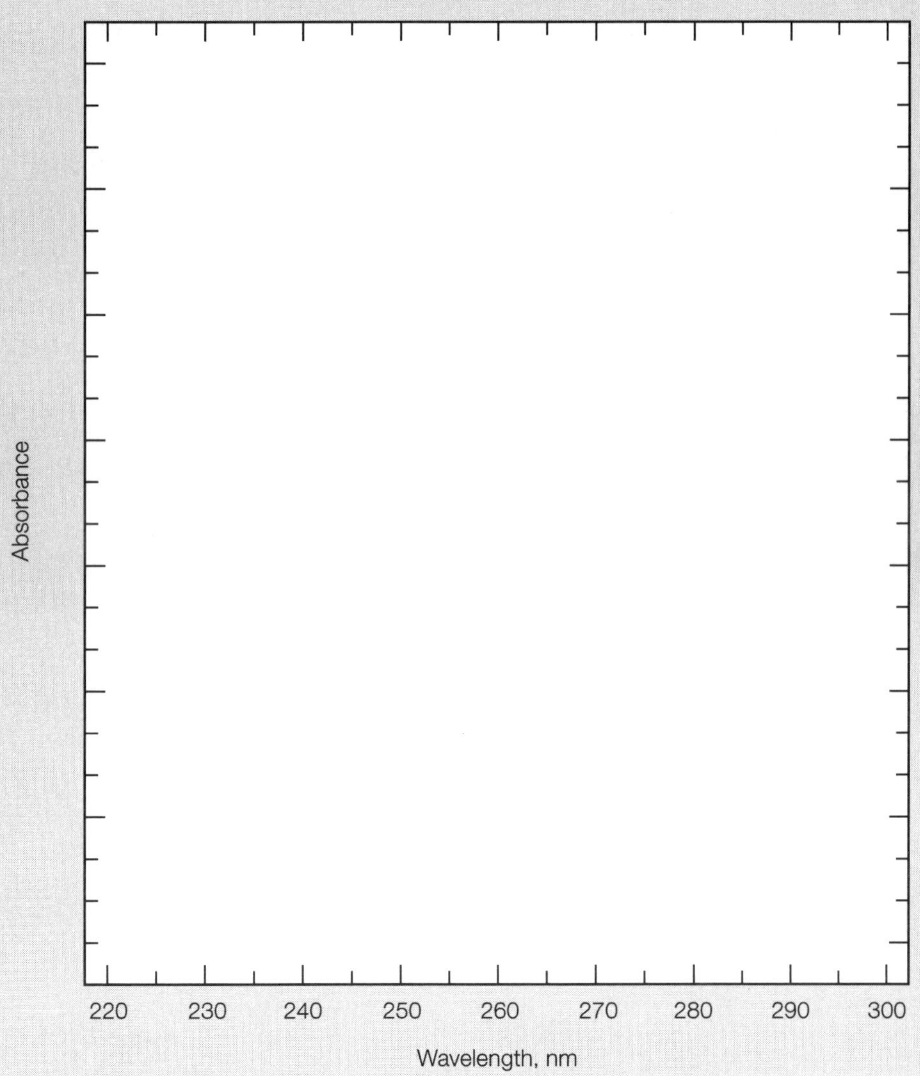

실험 20

# 광합성 반응에 관여하지 않는 색소(비-광합성 색소) 분석

## 1. 서론

식물계에 분포하는 비-광합성 색소로는 적색, 보라색, 또는 청색을 나타내는 anthocyanin과 황색, 적색을 나타내는 betacyanin 색소가 있으며, 이 외에도 이들과 화학적으로 상이한 carotenoid계 색소가 있다. 약 2,000종에 이르는 식물의 과일과 꽃, 그리고 단풍의 화려한 빛깔을 나타내는 anthocyanin(식물의 종류에 따라서는 단풍을 물들이는 색소가 carotenoid 색소인 경우도 있음)은 15개의 탄소로 이루어진 flavonoid의 일종이다. Flavonoid는 flavan 골격의 C ring의 변화에 따라 anthocyanin, flavonol과 flavone로 나누어진다〈그림 20-1〉.

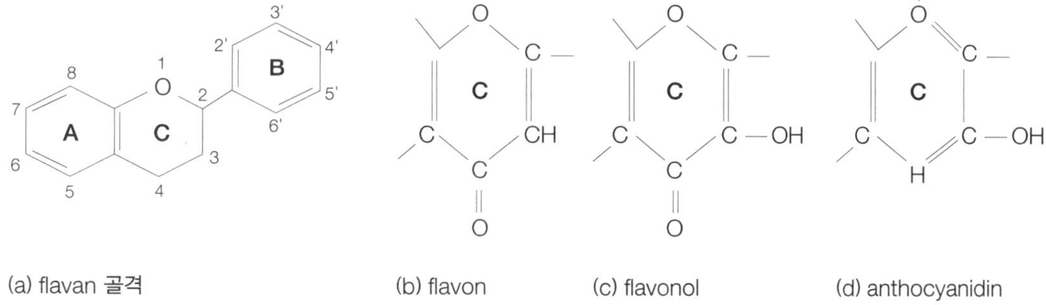


〈그림 20-1〉 flavan 골격과 3종류의 flavonoid

Anthocyanidin은 B ring의 변화에 따라 구분된다. 일반적으로 12가지의 anthocyanidin이 알려져 있으며, 그 중 가장 흔한 6개의 구조는 〈그림 20-2〉에서 보는 바와 같다. 이들의 색깔은 B ring에 있는 -OH 또는 $-CH_3$의 수에 따라 결정된다. 일반적으로 -OH는 청색을 증가시키며, $-CH_3$는 적색을 증가시킨다.

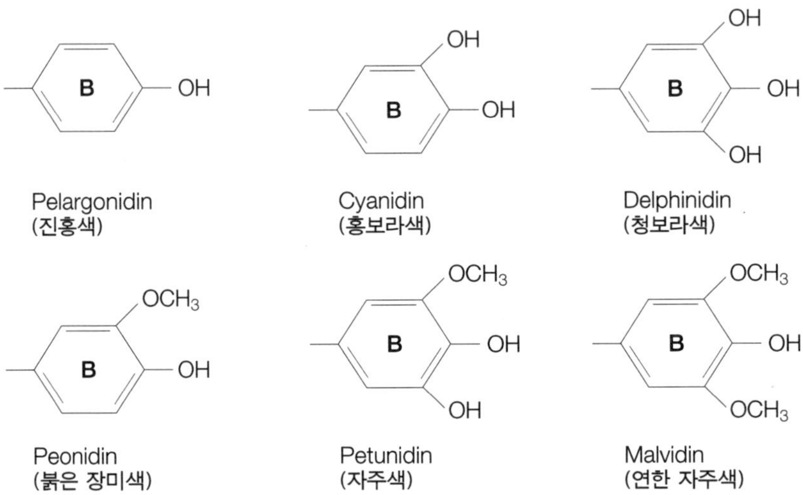


〈그림 20-2〉 일반적인 6가지 anthocyanidin

Anthocyanin은 anthocyanidin의 3번 탄소의 -OH기에 여러 가지의 당이 첨가되어 형성된다. Glucose, galactose, rhamnose, xylose-glucose, rhamnose-glucose, 또는 glucose-glucose가 3번 위치에 결합하며, 때로는 glucose가 5번 또는 7번 위치에 결합하기도 한다. Glycosylation에 의하여 당이 결합하면 수용성이 증가되어 식물 유조직 세포의 액포 안에 고농도로 축적될 수 있다〈표 20-1〉.

*Beta vulgaris*(red beet)의 적색 색소는 betacyanin의 한 종류이다. 이 색소는 적색과 황색인 betalain계 색소로, 분자 안에 N을 가지고 있지만 1960년대까지도 anthocyanin계 색소와 화학적으로 연관성이 있다고 알려져 있었다. Betalain으로

〈표 20-1〉 일반적인 anthocyanin의 조성

| Anthocyanidin + | Glycoside = | Anthocyanin | Source |
|---|---|---|---|
| pelargonidin | 3,5-diglucoside | pelargonin | geranium(*Pelargonium*) peltals |
| cyanidin | 3,5-diglucoside | cyanin | red rose petals |
| cyanidin | 3-galactoside | idaein | cranberry fruit |
| delphinidin | 3-rhamnoglucoside | violanin | violet (*Viola*) flowers |
| malvidin | 3-glucoside | oenin | blue grapes |

는 betacyanin계 색소와 betaxanthin계 색소가 있으며, Amaranthaceae, Basellaceae, Cactaceae, Chinopodiaceae, Didieraceae, Ficoidaceae, Nyctaginaceae, Phytolaccaceae, Portulacaceae, Stegnospermaceae 등 10개 과에 분포되어 있는데, betalain이 있는 식물에는 anthocyanin 색소가 없다. Anthocyanin과 마찬가지로 betalain 색소는 꽃이나 과일에서 황색, 오렌지색, 적색, 보라색을 나타내는데, 일부 식물에서는 영양기관에도 분포한다. 이들은 빛에 의해 합성이 촉진되며 물에 잘 용해되므로 액포 안에 축적되어 있다. Red beet에는 betacyanin의 일종인 betanin 〈그림 20-3〉이 있는데, 가수분해되면 betanidin과 glucose로 나누어진다. 이 계통의 색소도 KOH 등의 알칼리를 처리하면 pH 변화에 따라 빛깔이 변화하는 특징을 보인다.

이 실험에서는 red beet이 가지고 있는 betacyanin의 일종인 betanin과 자주양배추의 cyanidin을 포함한 anthocyanin 색소의 pH 변화에 따른 빛깔의 변화 양상을 관찰한다.

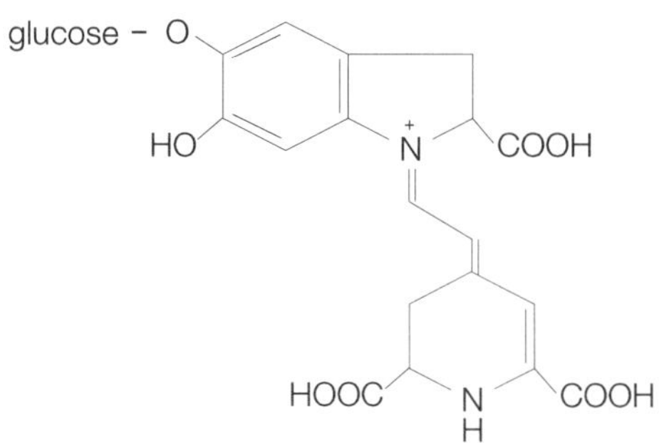


〈그림 20-3〉 betacyanin의 기본 구조인 betanin

## 2. 실험 재료 및 기구

- 자주양배추 30 g
- Red beet(*Beta vulgaris*) 뿌리 10 g
- 0.1N HCl 5 mL
- Buchner funnel 및 여과지
- 500 mL 용량 suction flask
- 15 mL 용량 시험관 10개
- 1N HCl 15 mL
- 0.01N KOH 5 mL
- 0.1N KOH 5 mL
- KOH (또는 NaOH) 결정 약간
- 진공펌프 (또는 aspirator 장치)
- Blendor
- 저울

## 3. 실험 방법

① 자주양배추 30 g을 물 100 mL과 함께 blendor로 충분히 갈아 현탁액을 얻는다.

② Red beet 뿌리 30 g도 같은 방법으로 갈아 현탁액으로 만든다.

③ 각 현탁액을 Buchner funnel로 여과한다.

④ 시험관 10개에 번호를 붙이고, #1~#5번에는 양배추 여과액을 5 mL씩, #6~#10번에는 red beet 여과액을 5 mL씩 넣는다.

⑤ #1과 #6 시험관은 대조군으로 사용한다.

⑥ #2와 #7 시험관에는 0.1N HCl 1.0 mL을 넣은 후 혼합하여 빛깔의 변화를 관찰하여 기록한다.

⑦ #3과 #8 시험관에는 0.01N KOH 1.0 mL를 넣은 후 혼합하여 빛깔의 변화를 관찰하여 기록한다.

⑧ #4와 #9 시험관에는 0.1N KOH 1.0 mL를 넣고 혼합한 후 빛깔의 변화를 관찰하여 기록한다.

⑨ #5와 #10 시험관에는 KOH(또는 NaOH) 결정을 1개씩 넣고 빛깔의 변화를 관찰하여 기록한다.

⑩ #1과 #6을 제외한 모든 시험관에 0.1N HCl 용액을 1방울 넣어 충분히 혼합하면서 변화되었던 빛깔이 원래의 빛깔로 돌아오는지 확인한다. #5와 #10에는 1N HCl을 넣고 빛깔의 가역적 변화 양상을 기록한다〈양식 20-1〉.

## 4. 생각해보기

① 자주양배추와 red beet의 여과액에서 pH의 변화에 따른 색의 변화를 설명하시오.

② 빛깔이 가역적으로 변화하는지 관찰하시오.

③ pH meter와 visible spectrophotometer를 이용하여 pH 변화에 따른 각 색소의 흡수 파장의 변화를 측정하시오.

# 결과 보고서

| 실험 20 식물의 비-광합성 색소 분석 | | | | | |
|---|---|---|---|---|---|
| 조 | 학번 | 이름 | 실험일자 | 점수 | 기타 |
| | | | | | |

〈양식 20-1〉

| 시험관 | 첨가물 | | 색 변화 | 0.1 N HCl 또는 1 N HCl 첨가후 가역적 색 변화 |
|---|---|---|---|---|
| 1 | 자주 양배추 여과액 | 대조군 | | |
| 2 | | 0.1N HCl 1.0 mL | | |
| 3 | | 0.01N KOH 1.0 mL | | |
| 4 | | 0.1N KOH 1.0mL | | |
| 5 | | KOH 결정 1알 | | |
| 6 | red beet 여과액 | 대조군 | | |
| 7 | | 0.1N HCl 1.0 mL | | |
| 8 | | 0.01N KOH 1.0 mL | | |
| 9 | | 0.1N KOH 1.0mL | | |
| 10 | | KOH 결정 1알 | | |

# 실험 21

# 용매 분획을 이용한 광합성 색소 분석

## 1. 서론

광합성 과정의 명반응에서 빛에너지를 받아들이는 중요한 역할을 담당하는 광합성 색소는 엽록체 안에 들어있다. 엽록체의 막 구조와 밀접하게 연관되어 있는 색소는 크게 나누어 chlorophyll, carotenoid, phycobilin 색소로 구분된다.

Chlorophyll 계열 색소는 광합성의 주 색소로 식물계에 가장 광범위하게 분포하고 있으며, *a*, *b*, *c*, *d*로 나뉜다. 특히 Chl *a*는 광합성 능력이 있는 모든 식물이 가지고 있다. 엽록소의 화학 구조는 〈그림 21-1〉처럼 4개의 tetrapyrrol ring이 고리 모양을 이루고 N 원자들이 $Mg^{2+}$와 결합하고 있으며, phytol의 긴 꼬리가 달려 있다. Chlorophyll *a*와 *b*는 그 구조가 매우 비슷하다. Chl a는 3번 탄소에 $-CH_3$가 결합하는데, Chl *b*에는 $-CHO$가 결합하고 있다. Chl *a*의 $-CH_3$는 비교적 소수성이며, Chl *b*에 비해 비극성 용매에서도 용해도가 다소 높기 때문에 partitioning 기법을 이용하여 두 색소를 분리할 수 있다.

식물계에 분포되어 있는 carotenoid계 색소는 종류와 역할이 다양하다. 보조 색소로서 광계 I과 II에서 chlorophyll의 photooxidation을 방지하는 역할을 한다.

Carotenoid계 색소로는 크게 나누어 순수한 탄화수소로 구성된 carotene 계통과 2~4개의 산소 원자를 가지고 있는 xanthophyll 계통이 있는데, 모두 40개의 탄소로 이루어져 있다〈그림 21-1〉. 자연계에 알려진 carotenoid 색소는 400 종류가 넘는데, 이 가운데 가장 광범위하게 분포되어 있으며 양도 많은 색소는 β-carotene이다. 이 밖에 xanthophyll계 색소는 빛의 세기에 따라 변화가 일어난다. 강한 빛에서는 비올라크산틴이 제아크산틴으로 탈에폭시화되면서 광보호 작용을 한다. 약한 빛에서는 제아크

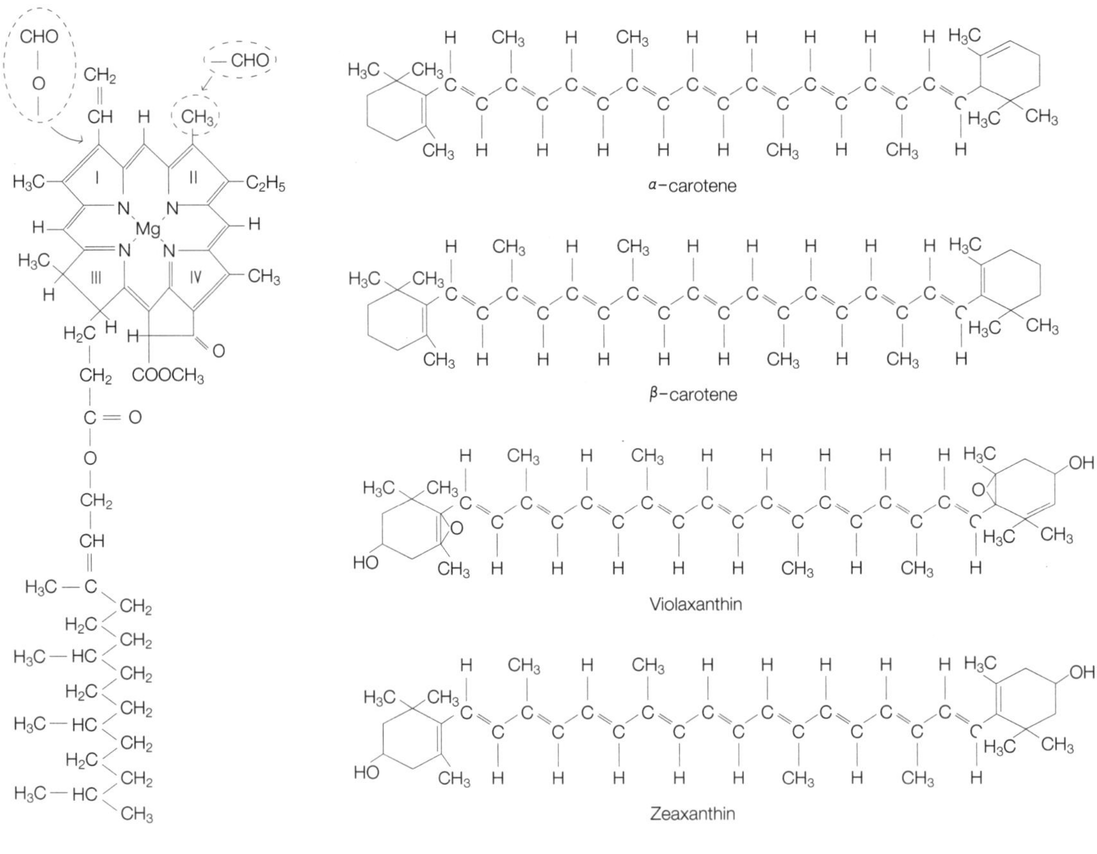

(A) chlorophyll *a*의 구조 (B) carotene과 xanthophyll의 화학 구조

〈그림 21-1〉 chlorophyll *a* (A)와 carotene, xanthophyll (B)의 화학 구조

산틴이 다시 비올라크산틴으로 전환된다. 탄화수소의 긴 연쇄 양 끝에 산소 원자가 있기 때문에 xanthophyll 계통 색소를 carotene 계통 색소와 쉽게 분리하여 추출할 수 있다. 그러나 carotene이나 xanthophyll의 동일 계열 색소를 분리하는 것은 간단하지 않다.

이 실험에서는 화학 구조에서 비롯되는 용해도 차이를 이용하여 엽록체 색소를 분리하고자 한다.

## 2. 실험 재료 및 기구

- 시금치 잎 10 g
- 100% acetone (미량의 $CaCO_3$ 첨가) 50 mL
- Acetone (초자기구 세척용) 200 mL
- Petroleum ether (비등점 30~70℃) 60 mL
- 92% aqueous methanol 100 mL
- Diethyl ether 50 mL
- 30%(w/v) KOH (methanol에 용해) 30 mL
- 1 mL 용량 pipette
- Spectrophotometer
- 125 mL 용량 Erlenmeyer flask 2개
- 50 mL 용량 시험관 2개
- 100 mL 용량 graduated cylinder
- Separatory funnel
- Buchner funnel과 여과지
- 진공펌프 (또는 aspirator 장치)
- Blendor
- 저울

## 3. 실험 방법

① 큰 잎맥과 잎자루를 제거한 싱싱한 시금치 잎 10g을 100% acetone 50 mL에 넣고 blendor로 곱게 갈아 현탁액을 얻는다.

② 현탁액을 Buchner funnel 장치로 여과하여 찌꺼기를 버리고 여과액을 얻는다. Buchner 여과 장치를 이용하는 대신 원심분리하여 상층액을 얻을 수도 있다. 이 용액에는 chlorophyll *a*와 *b*, 각종 carotenoid 계통 색소를 비롯하여 acetone에 용해되는 많은 무색의 분자들이 들어있다.

③ 이 용액을 창가에 두고 빛이 투과하거나 반사될 때 농축된 엽록소 분자에서 나타나는 형광현상(fluorescence)을 관찰한다.

④ 이 용액에 acetone을 넣어 용량을 40 mL로 맞추고, petroleum ether 60 mL이 들어있는 250 mL 용량의 separatory funnel에 붓는다. Funnel의 안쪽 벽을 타고 천천히 내려가도록 하여 70 mL의 증류수를 붓는다.

⑤ Separatory funnel의 마개를 막고 거의 모든 chlorophyll이 상층액으로 옮겨질 때까지 funnel을 천천히 회전시킨다. 흔들어서 혼합하거나 세게 돌리면 두 층 사이에 emulsion이 형성되어 깨끗하게 분리되기까지 시간이 오래 걸린다. 〔주의 : 이 때 funnel 내부에서 기체의 압력이 증가하므로 왼손으로 funnel의 몸체와 마개 부분을 잡고 (마개를 엄지와 검지 손가락 사이로 압박하면서) funnel을 거꾸로 들고 오른손으로 천천히 stopcock 부위를 열어 기체를 방출한다. 사람의 얼굴을 향하지 않도록 조심한다.〕

⑥ Funnel을 세워두고 용액의 층이 분리되도록 한다. 하층액은 대부분 acetone이며, chlorophyll은 상층의 petroleum ether로 옮겨져 있다. Funnel의 마개를 열고 stopcock을 열어 하층액을 빼내어 버린다. 증류수를 부어 funnel 안에 남아있는 acetone을 제거하고 무색의 하층액을 버린다. 이러한 세척과정을 1회 더 반복한다.

⑦ 색소 용액에 92%(v/v) aqueous methanol 50 mL을 넣고 잘 혼합한다. 〔주의 : methanol 증기를 흡입하거나 methanol이 피부에 닿지 않도록 조심한다.〕 이 용액은 극성이므로 chlorophyll *b*와 xanthophyll 색소를 용해시키지만, 이보다 소수성인 chlorophyll *a*와 carotene 색소들은 상층부인 비극성 petroleum ether에 남아있게 된다. 상층액과 하층액을 각각 별도의 용기에 옮겨 담는다.

⑧ 다시 methanol 용액(50 mL)을 separatory funnel에 옮기고, 여기에 diethyl ether 50 mL을 넣어 섞는다. Funnel의 안쪽 벽을 타고 흘러내리도록 한 번에 5 mL씩 5회에 걸쳐 총 25 mL의 증류수를 넣는다. 매번 잘 섞어주어야 한다. Chlorophyll *b*와 xanthophyll 색소는 상층액인 diethyl ether에 남아있게 된다. 하층부는 methanol을 포함하고 있는데, 극성이 매우 크기 때문에 색소를 용해시키지 못한다.

⑨ 하층액을 버린다. Diethyl ether 용액 30 mL를 125 mL 용량 Erlenmeyer flask에 옮긴다. 한편 petroleum ether 용액(chlorophyll *a*와 carotene 포함) 30 mL를 별도의 125 mL 용

량 Erlenmeyer flask에 옮긴다.

⑩ 다음은 chlorophyll 분자를 carotenoid 색소와 분리하는 과정으로, 알칼리로 가수분해하여 chlorophyll 분자에서 소수성 phytol기를 떼어내어 더욱 극성을 띠는 chlorophyllide를 얻는다.

⑪ 125 mL 용량 Erlenmeyer flask에 들어있는 두 가지 색소 용액에 각각 30%(w/v) KOH(methanol에 용해) 15 mL씩 넣고 가끔 흔들면서 10분 동안 가수분해시킨다. 각 flask에 증류수 30 mL를 넣고 섞는다.

⑫ 두 용액을 각각 큰 시험관에 옮겨 용액층이 분리되어 carotenoid 용액이 chlorophyllide 용액 위에 형성되도록 한다. 상층의 carotenoid 용액은 chlorophyll을 거의 포함하지 않지만, 하층의 chlorophyllide 용액에는 소량의 carotenoid와 다른 종류의 chlorophyllide(*a* 또는 *b*)가 들어있다.

⑬ 각 색소 용액의 빛깔을 기록한다.

⑭ Spectrophotometer를 이용하여 각 색소 용액의 흡수파장을 380~700 nm 범위에서 10 nm 간격으로 측정한다. Absorbance 수치가 너무 클 경우에는 해당 용매로 희석한다. Chl *a*, Chl *b*, carotene, xanthophyll의 흡수파장을 도표로 나타내고 비교한다 〈양식 21-1〉.

## 4. 생각해보기

① 농축된 chlorophyll 용액에서 나타나는 형광현상에 대하여 설명하시오. 광합성 세포 안에서 나타나는 형광현상과 어떻게 다른지 설명하시오.

② Chlorophyll *a*와 *b*, 그리고 carotene과 xanthophyll이 광합성 과정에서 하는 역할을 각각 설명하시오.

③ 엽록체 색소들의 용해도에 따라 각 색소들이 광합성 세포의 액포 속에도 용해되어 있다고 생각할 수 있는지 설명하시오.

# 결과 보고서

| 실험 21 용매 분획을 이용한 광합성 색소 분석 | | | | | |
|---|---|---|---|---|---|
| 조 | 학번 | 이름 | 실험일자 | 점수 | 기타 |
| | | | | | |

〈양식 21-1〉

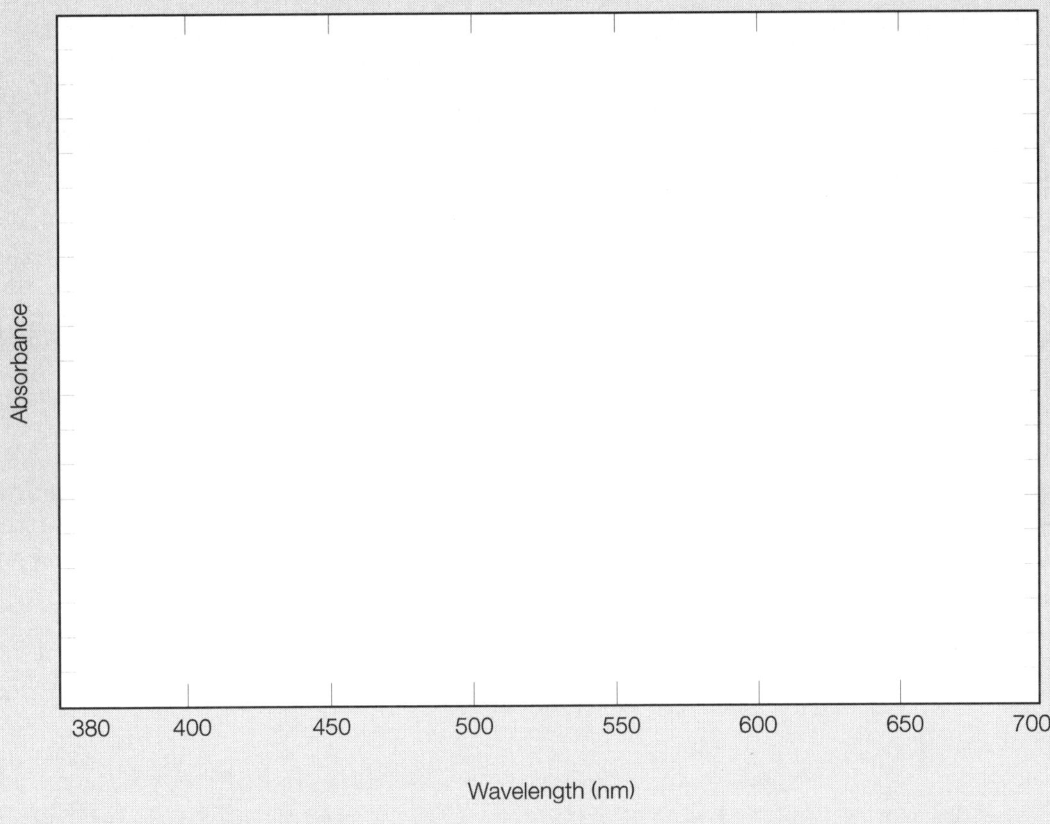

# 실험 22

# Thin-layer chromatography를 이용한 광합성 색소 분석

## 1. 서론

식물의 광합성 세포에 있는 엽록체 안에는 chlorophyll계와 carotenoid계 색소가 들어 있다. 이들의 화학구조 및 광합성 과정에서 수행하는 기능은 [실험 21]에서 간단하게 소개하였다. 엽록체 색소를 분석하는 방법으로는 [실험 21]과 같은 solvent partitioning 방법 이외에도 chromatography 방법 등이 있다. Chromatography 방법으로는 column chromatography, paper chromatography, ion exchange chromatography 등의 기술이 개발되었는데, 이 실험에서 사용하는 thin-layer chromatography(TLC)는 규모가 매우 작은 흡착(adsorption) 및 분획(partition) chromatography 방법이다. 유리(또는 다른 재료)로 만든 판(plate)에 흡착제를 균등한 두께로 얇게 접착하고 그 위에 시료를 얹어 비교적 적은 양의 용매로 전개시킨다. 대개 상승전개법을 이용하며 전개거리도 10~15 cm면 충분할 정도로 매우 짧다. TLC는 column chromatography나 paper chromatography에 비하여 전개속도가 매우 빨라서 용매나 박판층의 두께에 따라 다르기는 하지만 대개 20~40분이면 충분히 분리되며, 분리되는 정도도 훨씬 세밀하다. Sensitivity도 높아서 paper chromatography보다 10~100배나 정밀하기 때문에 시료의 양도 최소 0.5 μg이면 가능하여, 극히 미량으로 존재하는 물질 분석에도 효과적이다. 흡착면을 순수한 무기화합물로 만든 경우에는 부식성이 매우 강한 시약을 분무할 수도 있고 불필요한 형광현상 등을 배제할 수 있다. 또한 동일한 흡착제를 사용한 column chromatography와 연관시켜 분석할 수도 있다.

흡착제, 용매, 전개조건 등을 적절하게 선정하면 각 화합물의 흡착 특성에 따라 어느 화합물이나 분리할 수 있다. 일반적으로 포화 탄화수소는 흡착이 전혀 되지 않거나 흡착되더라도 매우 미약하며, 불포화 탄화수소의 경우 2중결합의 수나 conjugation 형태의 수에 따라 흡착도가 증가한다. 또한 $-CH_3$, -O-alkyl, -C=O, $-NH_2$, -OH, -COOH와 같은 탄화수소의 기능기(functional group)가 존재하는 경우에도 흡착도가 증가한다.

이 실험에서는 농축된 시금치의 엽록체 색소 용액 안에 있는 색소들을 1차원(one-dimensional) TLC로 분리한 후 각 색소의 흡수파장을 측정한다.

## 2. 실험 재료 및 기구

- 시금치 잎 25 g
- Acetone 100 mL
- Chloroform 10 mL
- Hexane
- Diethyl ether
- Blendor
- Buchner funnel과 여과지
- Suction flask
- 진공펌프 (또는 aspirator 장치)
- 냉풍 건조기
- $Na_2SO_4$ 소량
- Silica gel G 30 g
- 250~500 mL 용량 graduated cylinder
- 5×20 cm TLC용 유리판
- 0.01 mL (또는 0.1 mL)용량 pipette
- TLC 제조장치 (두께 250 μm)
- TLC 판 건조대
- TLC 전개용기(developing chamber)
- 임상용 원심분리기
- 15 mL 용량 원심분리 tube
- 15 mL 용량 시험관 (마개가 있는 것)
- 저울
- 자
- 면도날
- 알루미늄 박지
- Parafilm
- Spectrophotometer
- Desiccator

## 3. 실험 방법

① 250~500 mL 용량 Erlenmeyer flask에 silica gel G 30 g과 증류수 60 mL를 넣고 세차게 흔들어 죽을 만든다. Silica gel G에는 결합제 역할을 하는 $CaSO_4$가 들어 있으므로 사용 직전에 죽을 만들어야 한다. TLC 제조장치를 이용하여 5×20 cm TLC용 유리판 위에 두께 250 μm의 흡착제 박판을 깐 뒤, 건조대에 얹어 chromatography sample을 점적(spotting)하기 전까지 desiccator에 보관한다.

② 싱싱한 시금치 잎에서 큰 잎맥을 제거한 후, 잎 조직 25 g을 acetone 100 mL과 함께 blendor나 homogenizer로 곱게 간다. Acetone이 진한 녹색을 띠면 $Na_2SO_4$ 1~2 g을 넣어 물을 제거한다. 이것을 Buchner funnel로 여과한 후 실온에서 건조시킨다. 이 때 rotary film evaporator를 이용하여 건조하면 더욱 좋다. 건조된 색소 시료를 chloroform 10mL에 용해시킨다.

③ 준비된 5×20 cm TLC 판의 한쪽 끝에서 1.5 cm 떨어진 곳의 양 옆에 약 5 mm 길이로 흡착제를 긁어 선을 긋는다〈양식 22-1〉. 여기에서 15 cm 떨어진 곳에도 짧은 선을 긋는다. 처음의 선은 시료를 점적할 origin 위치를 표시하고 두 번째의 선은 용매의 전개 선단(solvent front)을 나타낸다.

④ 0.01 mL(또는 0.1 mL)용량 pipette 또는 이에 상응하는 도구를 사용하여 TLC 판 위의 origin 위치에 소량의 색소 추출액을 떨어뜨린다〈양식 22-1 참조〉. TLC 흡착제를 손으로 만지거나 긁어서 흠을 내지 말아야 하며, 특히 추출액을 origin에 떨어뜨릴 때에 pipette이 흡착제에 닿지 않도록 주의한다. Origin에 점적한 spot의 직경은 1 cm 이내로 작을수록 좋다. 만일 추출액이 묽어서 여러 차례 점적하여야 한다면, 점적할 때마다 냉풍 건조기로 건조시키는 것이 좋다.

⑤ TLC 전개용기에 TLC 용매를 넣는다. 용매는 hexane : diethyl ether : acetone = 60 : 30 : 10(v/v/v) 비율로 만든다. 용매의 깊이는 TLC 판을 세웠을 때 origin의 색소 spot이 잠기지 않도록 하여야 한다.

⑥ TLC 판의 spot이 완전히 건조된 후 전개용기에 넣어 세운다. 뚜껑을 덮고 색소가 전개되는 것을 관찰한다. 용매의 전개 선단이 origin에서 15 cm 정도에 이르면

TLC 판을 꺼내어 말린다.

⑦ 분리된 색소의 위치, 빛깔, TLC 판 위에 나타난 크기 등을 그려서 기록한다. 가능한 한 모든 색소의 종류를 동정하고 각각의 $R_f$ 값을 산출한다〈양식 22-1〉.

⑧ Chromatogram을 그린 후, 즉시 깨끗한 면도날을 이용하여 각 색소를 포함하는 silica gel의 범위를 긁어 각각 원심분리 tube에 넣는다. 5 mL의 acetone을 붓고 흔들어 용해시킨 후 임상용 원심분리기로 원심분리한다. 단일 색소가 녹아있는 상층액을 조심스럽게 pipette으로 꺼내어 시험관에 넣고 밀봉한다. 오랫동안 보관할 경우에는 알루미늄 박지로 싸서 냉장고에 넣어둔다. 〔주의 : 실온에서 공기에 노출되면 색소가 분해되기 시작하므로 TLC 판에서 가능한 한 빨리 (전개 후 건조하고 나서 10~15분 이내) 긁어내어 acetone에 용해시켜야 한다.〕

⑨ 각 색소 용액의 농도를 acetone을 이용하여 적당한 수준으로 조정한 후 spectrophotometer로 400~700 nm 범위에서 흡수파장을 측정한다. 만일 scanning이 불가능할 경우에는 10 nm 간격으로 측정하여 도표를 만든다〈양식 22-2〉.

## 4. 생각해보기

① TLC의 기본 원리를 설명하시오.

② 광합성의 작용파장은 어떤 방법으로 측정할 수 있을지 논의하시오.

③ 이 실험에서 얻은 chlorophyll *a*, chlorophyll *b*, carotene, xanthophyll의 흡수파장을 이미 발표된 자료와 비교하시오.

④ 식물조직에서 chlorophyll을 분석하는 방법들을 소개하시오.

# 결과 보고서

| 실험 22 Thin-layer chromatography를 이용한 광합성 색소 분석 | | | | | |
|---|---|---|---|---|---|
| 조 | 학번 | 이름 | 실험일자 | 점수 | 기타 |
| | | | | | |

〈양식 22-1〉

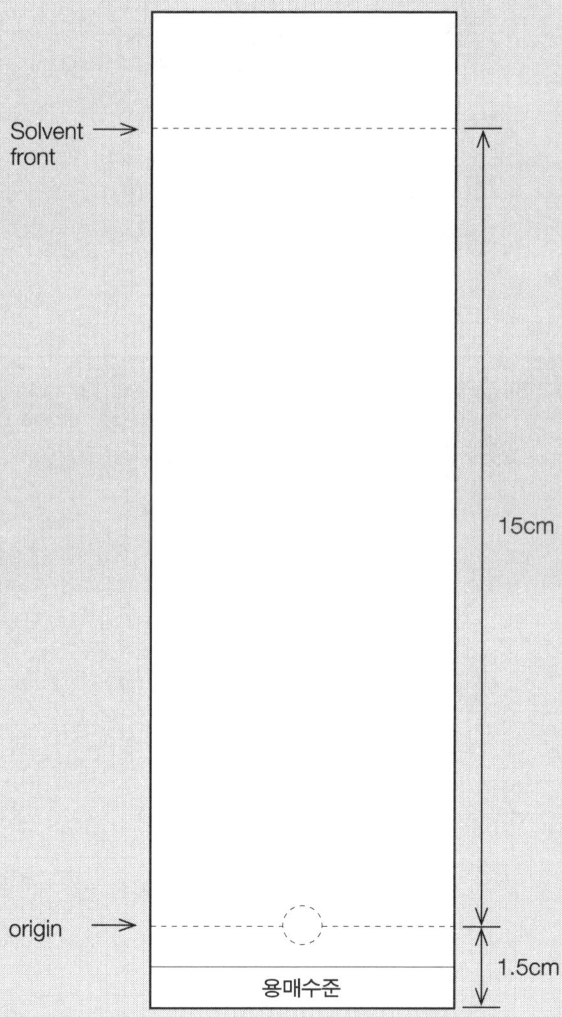

〈양식 22-2〉

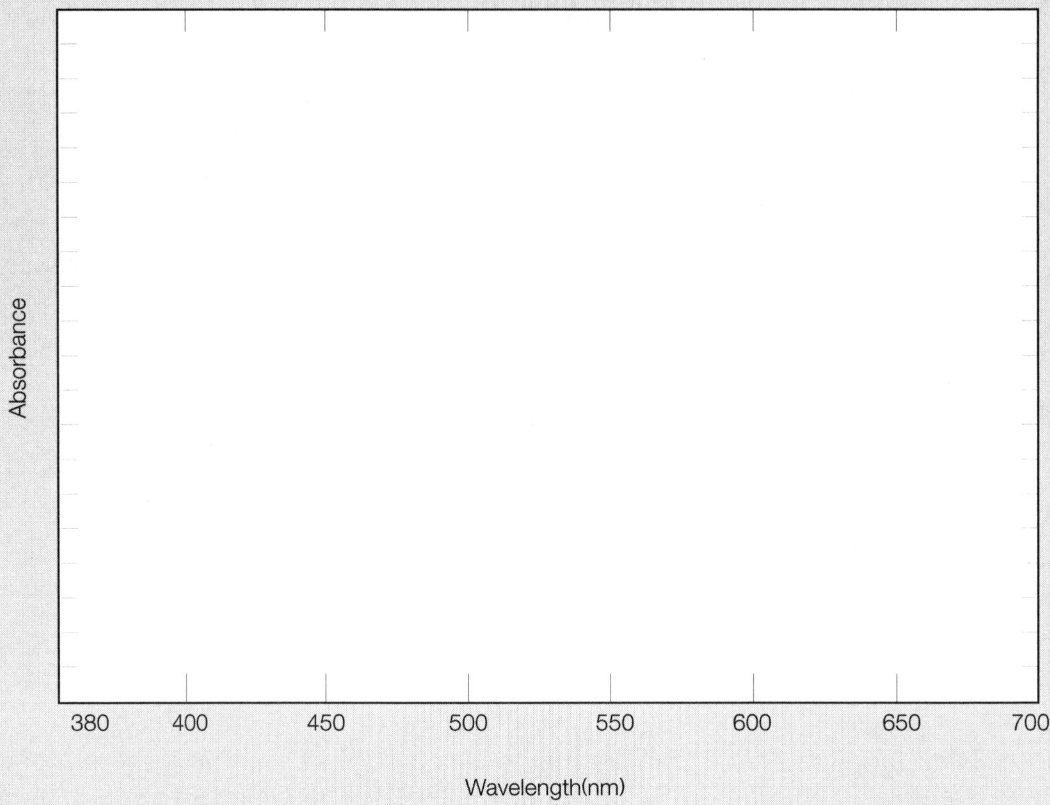

# 실험 23

# 광합성의 Hill reaction 측정

## 1. 서론

녹색식물의 광합성 과정에서는 $O_2$가 방출되고 $CO_2$가 고정된다. 1937년 영국 생화학자 Robin Hill은 실험을 통해 $O_2$ 방출과정과 $CO_2$ 고정과정을 분리시키는데 성공하였다. 정상적으로 광합성을 수행하는 과정에서 $H_2O$가 빛에 의해 분해되어 전자($e^-$), $H^+$와 $O_2$로 되고, 전자는 엽록체(chloroplast)의 thylakoid 막에 연계되어 있는 여러 전자 운반자에 의해 전달되어 $NADP^+$를 환원시키게 된다. Hill은 식물의 광합성 세포에서 엽록체를 순수하게 분리하여 엽록체 현탁액을 얻었다. 엽록체 분리과정 중에 내재해 있는 전자수용체를 잃게 되는데, 그 대신에 외부에서 인위적으로 전자수용체를 제공해주면 이 분자는 명반응에서 발생한 전자를 ($H^+$와 함께) 받아들여 환원된다. 이러한 전자수용체 가운데 한 종류는 2,6-dichlorophenol indophenol(DCPIP)인데, 산화형인 quinone 형태는 청색이지만 환원되면 phenol 형태로 되어 무색으로 된다. DCPIP가 광합성 명반응에서 전자를 ($H^+$와 함께) 받아 환원되는 과정은 다음 식으로 나타낼 수 있다.

$$\text{DCPIP(청색)} + 2H_2O \xrightarrow[\text{chlorophyll}]{\text{light}} \text{DCPIP-}H_2\text{(무색)} + O_2$$

이렇게 광합성에서 $O_2$가 발생하는 과정을 "Hill 반응"이라고 하며, 이러한 연구를 바탕으로 하여 광합성이 두 종류의 광계(photosystem)로 이루어져 진행된다는 사실이 밝혀지게 되었다.

이 실험에서는 시금치의 엽록체를 분리하여 다양한 빛 세기에서 청색의 DCPIP가 무색의 DCPIP-$H_2$로 환원되는 Hill 반응을 측정하고, 한편으로는 Hill 반응을 강력하게 억제하는 물질인 제초제 3-(3,4-dichlorophenyl)-1,1-dimethylurea(DCMU; MW 233.10, 상품명 Diuron)의 억제효과를 확인해 보고자 한다.

## 2. 실험 재료 및 기구

- 시금치 잎 (냉장) 8 g
- 0.5 M sucrose 용액 60 mL
- 0.1 M phosphate buffer, pH 6.5[a](냉장) 100mL
- 80% acetone 20 mL
- 0.2 mM dichlorophenol indophenol (DCPIP)
- 0.05 mM DCMU (0.1 M phosphate buffer에 용해)
- 100 mL 용량 beaker (냉장)
- 400 mL 용량 beaker
- Blendor (용기는 냉장)
- 30 mL 용량 원심분리 tube (냉장)
- 원심분리기
- 혼합용 유리막대
- 조도계
- 저울
- 칼, 가위, 또는 면도날
- 10×10 cm 거즈 (4겹, 냉장)
- 1 mL 용량 pipette
- 5~10 mL 용량 pipette
- 10 mL 용량 시험관
- 75~100 watt 백열램프 스탠드
- 알루미늄 박지
- Spectrophotometer
- 가루얼음

### 실험 준비

a) 0.1M $NaH_2PO_4$ 68.5 mL에 0.1M $Na_2HPO_47H_2O$를 조금씩 혼합하면서 pH 6.5에 맞춘다. (이론적으로는 $NaH_2PO_4$ 68.5 mL, $Na_2HPO_47H_2O$ 31.5 mL를 섞어 100 mL의 buffer를 만들면 pH 6.5가 된다.)

## 3. 실험 방법

① 하룻밤 어둠 속에서 냉장 보관한 싱싱한 시금치 잎에서 큰 잎맥을 제거한 뒤, 잎 조직 8 g을 얼음물로 씻고 물기를 제거한 후 1 $cm^2$ 크기로 잘게 자른다.

② 엽록체를 추출하는 모든 과정은 저온에서 수행하여야 한다. Blendor의 용기(냉장)에 0.5 M sucrose 용액(냉장) 40mL를 붓고 준비한 잎 조각을 넣는다. 고속으로 15초 동안 갈고 10초 동안 쉰 후 다시 10초 동안 간다.

③ 잎 조직의 즙을 거즈(냉장) 4겹으로 여과하여 beaker(냉장)에 담는다. 즉시 여과액을 가루얼음에 묻어놓은 30 mL 용량 원심분리 tube 2개에 똑같이 나누어 넣고, 200×*g*로 3분 동안 원심분리한다. 세포, 세포의 덜 부수어진 부분, 세포벽 조각 등 불필요한 찌꺼기는 침전되고 엽록체는 상층액에 남아있게 된다.

④ 상층액을 원심분리 tube(냉장)에 옮기고 1,000×*g*로 7분 동안 원심분리하여 엽록체를 침전시킨다. 즉시 상층액을 버리고, 각 tube에 0.5M sucrose 용액(냉장) 10 mL를 넣어 유리막대를 사용하여 침전된 엽록체를 풀어 현탁액을 만든다.

⑤ 엽록체 현탁액을 합친 후 200×*g*로 3분 동안 원심분리하여 엽록체가 포함된 상층액을 얻는다. 상층액을 1,000×*g*로 7분 동안 원심분리하여 비교적 순수한 엽록체 침전물을 얻는다. 이 침전물을 0.1 M phosphate buffer, pH 6.5(냉장) 25 mL에 풀어 섞은 후 현탁액을 얼음에 보관한다.

⑥ DCPIP 환원율을 계산하려면 엽록체 현탁액의 chlorophyll 농도를 알아야 한다. 위에서 얻은 엽록체 현탁액 1.0 mL를 pipette을 사용하여 80% acetone 20 mL가 들어있는 beaker에 넣어 chlorophyll 추출액을 얻는다. 잘 혼합하고, 만일 찌꺼기가 생기거나 탁하다면 다시 원심분리하여 제거한다. 80% acetone을 blank로 하여 spectrophotometer로 652 nm에서 absorbance를 측정한다. (1 cm light path를 사용. cuvette의 직경 1 cm) 측정된 $OD_{652}$에 0.58을 곱하면 chlorophyll 농도(mg/mL)가 된다.

⑦ 엽록체 현탁액 원액 5 mL를 0.1 M phosphate buffer, pH 6.5(냉장)로 희석하여 최종 chlorophyll 농도를 0.05 mg/mL로 맞추고 얼음에 채워둔다.

⑧ 광원을 준비하고 〈표 23-1〉과 같이 광원에서 각각 20, 40, 60, 80 cm 떨어진 곳에 시험관 꽂이를 배치한 후 광원과 시험관(20 cm 위치의 것) 사이에 물을 채운 유리 그릇(beaker 등)을 놓아 광원에서 나오는 열을 차단한다.

⑨ Spectrophotometer를 가동한다. 만일 cuvette이 충분하다면 〈표 23-1〉의 시험관 대신에 cuvette을 사용하면 absorbance를 더욱 정확하게 측정할 수 있다.

⑩ 각 시험관(또는 cuvette)에 〈표 23-1〉과 같이 phosphate buffer, $H_2O$, DCPIP, DCMU를 넣고 잘 혼합한다. [주의 : 엽록체 현탁액은 측정하기 직전에 첨가하여야 한다.]

〈표 23-1〉

| 시험관 | 처리내용 | 0.1M phosphate buffer | $H_2O$ | 0.2mM DCPIP | 0.05mM DCMU | ⑦에서 얻은 엽록체 현탁액 |
|---|---|---|---|---|---|---|
| 1 | DCPIP control | 1.0 | 3.0 | 1.0 | - | - |
| 2 | 어둠<br>(알루미늄 박지로 밀폐) | 1.0 | 2.0 | 1.0 | - | 1.0 |
| 3 | 빛 I (광원에서 20cm) | 1.0 | 2.0 | 1.0 | - | 1.0 |
| 4 | 빛 II (광원에서 40cm) | 1.0 | 2.0 | 1.0 | - | 1.0 |
| 5 | 빛 III (광원에서 60cm) | 1.0 | 2.0 | 1.0 | - | 1.0 |
| 6 | 빛 IV (광원에서 80cm) | 1.0 | 2.0 | 1.0 | - | 1.0 |
| 7 | 빛 I + DCMU | 2.0 | - | 1.0 | 1.0 | 1.0 |

⑪ #1의 흡광도를 600 nm에서 측정한다. 이 때 blank는 $H_2O$이다.

⑫ #2에 엽록체 현탁액 1.0 mL를 넣은 후, 즉시 600 nm에서 흡광도를 측정하고 빛이 들어가지 않도록 재빨리 은박지로 밀폐하여 보관한다.

⑬ #3~#7에 순서대로 엽록체 현탁액을 1.0 mL씩 넣고 혼합한 후, 600 nm에서 흡광도

를 순서대로 측정한다. 가능한 한 빠르게 (3분 이내) 측정하되, #6의 청색이 거의 탈색될 때까지 측정을 계속한다. 최종 측정이 끝난 후, #2의 흡광도를 측정한다.

⑭ Photometer(또는 조도계)를 사용하여 #3~#6 위치에서 빛의 세기를 측정한다. 단위는 $W \cdot m^{-2}$이다.

⑮ 〈양식 23-1〉에 시간에 따른 흡광도 변화를 기록하고, 그래프를 작성한다.

## 4. 생각해보기

① 이 실험에서 사용한 서로 다른 빛의 세기가 Hill 반응에 어떠한 영향을 주었는지 설명하고, 광포화 현상을 볼 수 있는지 조사하시오.

② 빛은 Hill 반응에서 어떤 역할을 하는지 설명하시오.

③ DCMU가 Hill 반응을 억제하거나 촉진하였는지 알아보고, 그 메커니즘을 설명하시오.

④ 이 실험 조건에서 광인산화(photophosphorylation) 과정이 진행되었는지 설명하시오.

⑤ Hill 반응을 측정하는 다른 실험방법을 조사하시오.

## 5. 실험 준비 일정

| 시간 | 준비 사항 | 기타 |
|---|---|---|
| 1일 전 | 시금치를 암소에 둔다. | |

# 결과 보고서

| 실험 23 광합성의 Hill reaction 측정 | | | | | |
|---|---|---|---|---|---|
| 조 | 학번 | 이름 | 실험일자 | 점수 | 기타 |
| | | | | | |

〈양식 23-1〉

| No. | 처리 조건 | 광도 | Absorbance (600nm) | | |
|---|---|---|---|---|---|
| | | | 0분 | | 분 |
| 1 | DCPIP control | | | | |
| 2 | 어둠 | 0 | | | |
| 3 | 빛 I | | | | |
| 4 | 빛 II | | | | |
| 5 | 빛 III | | | | |
| 6 | 빛 IV | | | | |
| 7 | DCMU | | | | |

〈양식 23-2〉

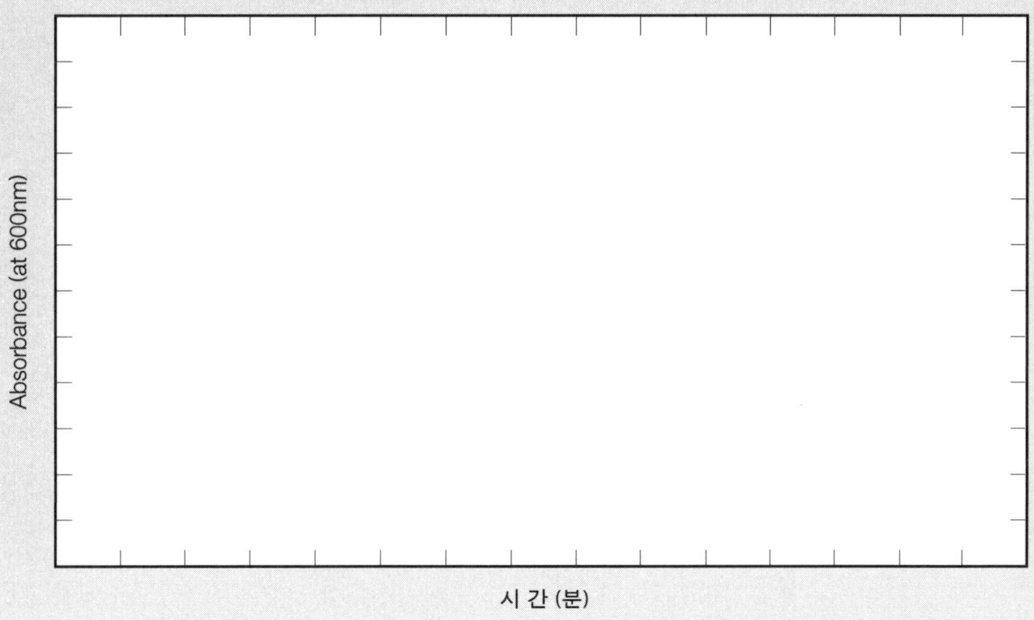

# 실험 24

# $C_3$ 식물과 $C_4$ 식물의 $CO_2$ 보상점 비교

## 1. 서론

탄소고정 반응을 통하여 $CO_2$는 RuBP와 반응하여 탄수화물을 형성한다. 일반적으로 빛이 충분한 조건에서 대기 중의 $CO_2$ 농도를 증가시키면 광합성율이 증가되며, 반대로 $CO_2$ 농도를 서서히 감소시키면 광합성률도 감소되다가 어느 수준에 이르면 광합성에 의해 흡수되는 $CO_2$의 양과 호흡에 의해 방출되는 $CO_2$의 양이 같아져서 식물에서 $CO_2$의 출입양이 0이 되게 된다. 이때의 $CO_2$의 농도를 $CO_2$ 보상점 ($CO_2$ compensation point) 이라고 한다.

두 식물의 구조적 차이와 $CO_2$를 고정하는 효소의 차이 때문에 $C_4$ 식물은 $C_3$ 식물에 비하여 $CO_2$ 보상점이 낮다. $C_4$ 식물은 엽육세포와 유관속초 세포가 모두 있고, 대기 중의 $CO_2$와 처음 반응하는 효소인 PEP carboxylase가 유관속초에 존재하며, 이 때 생성된 4탄당을 엽육세포로 보내어 Calvin 회로를 작동시킨다. 그러나 $C_3$ 식물은 엽육세포에 RuBP carboxylase/oxygenase(Rubisco)가 존재하며 이 효소는 대기 중의 $CO_2$와 처음 반응하여 Calvin 회로를 작동시킨다. PEP carboxylase가 Rubisco보다 $CO_2$에 대한 친화력이 높다. 그러므로 $C_4$ 식물의 $CO_2$ 보상점이 $C_3$ 식물보다 낮다.

$C_3$ 식물과 $C_4$ 식물의 $CO_2$ 보상점의 차이를 간단히 알아보기 위하여 두 식물을 밀폐된 용기에 넣고 적당한 수준의 빛을 비추어 광합성이 일어나도록 한다. 시간이 지남에 따라 광합성이 일어나고, 용기 내의 $CO_2$ 농도가 점차 감소하게 되어 $C_3$ 식물이 $CO_2$ 보상점 (평균 50~100 ppm)에 도달하면 $C_3$ 식물의 $CO_2$ 교환은 중지된다. 그러나 $CO_2$ 보상점이 낮은 $C_4$ 식물(0 ~ 5 ppm)은 이보다 낮은 $CO_2$ 농도에서도 스스로의 호흡과정에서 방출되는 $CO_2$를 흡수하여 광합성을 진행시킨다. 좀 더 시간이 경과되면 $C_3$ 식물은 죽게 되나 $C_4$ 식물에서는 생장이 계속 일어난다.

본 실험에서는 묽은 $NaHCO_3$ 용액의 pH가 용액에 녹아 있는 $CO_2$의 양에 의해 변화된다는 원리를 바탕으로 $C_3$ 식물과 $C_4$ 식물의 $CO_2$ 보상점을 알아본다. $NaHCO_3$ 용액에 녹아 있는 $CO_2$의 양은 곧 이 용액과 접하여 평형을 이루고 있는 대

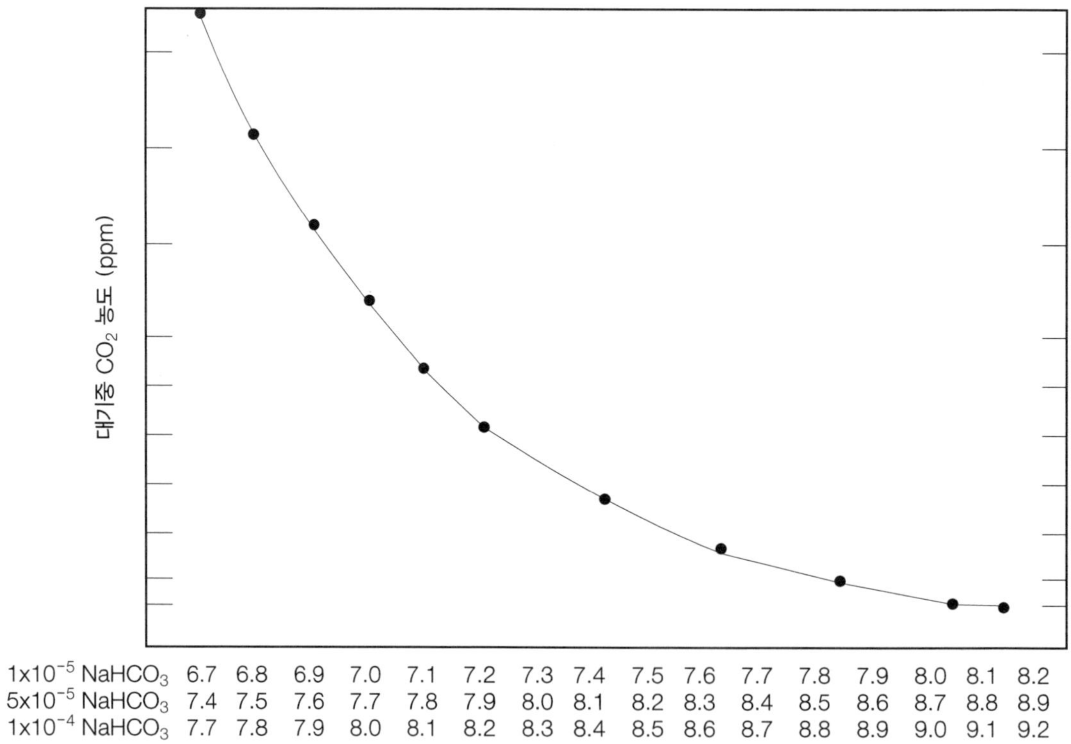


〈그림 24-1〉 $NaHCO_3$ 용액의 pH와 대기중 $CO_2$ 농도의 상관관계 (30℃, 1기압)

기 중의 $CO_2$ 분압에 따라 결정된다. 즉 30℃, 1기압 하에서 대기 중의 $CO_2$ 농도가 감소되면 $NaHCO_3$ 용액의 pH는 증가한다<그림 24-1>. 이 그래프를 표준곡선으로 사용하여 $NaHCO_3$ 용액의 pH를 측정하고 이를 대기 중의 $CO_2$ 농도로 환산하여 각 식물의 $CO_2$ 보상점을 측정한다.

## 2. 실험재료 및 기구

- 옥수수 (약 2~3주생)
- 밀 또는 보리 (약 2~3주생)
- $10^{-5}$ M $NaHCO_3$ 20 mL
- Erlenmeyer flask (125 mL) 2개
- Erlenmeyer flask에 맞는 고무마개
- 작은 유리병 (약 2 mL)
- 튼튼한 실
- 가위 또는 면도칼
- pH meter
- 1000 ft-c 이상의 백열램프

## 3. 실험 방법

① 125 mL flask 2개를 준비하고, 각각에 $10^{-5}$ M $NaHCO_3$ 용액 10 mL를 넣고 즉시 고무마개로 막는다.

② 작은 유리병 2개에 각각 증류수를 3/4 정도 채운다.

③ 싱싱한 옥수수 잎을 4개 골라 잎의 정단 7 cm 부분을 잘라 작은 유리병 하나에 꽂고, 다른 유리병에는 같은 방법으로 밀이나 보리 잎 4개를 잘라 꽂는다. 작은 유리병 목에 실을 맨다.

④ flask의 마개를 열고 $NaHCO_3$ 용액의 pH를 측정한다. 잎이 꽂혀 있는 작은 유리병을 flask에 집어넣고 실을 고무마개와 flask 입구 사이에 끼운 채 마개를 막아 완전히 밀봉한다. 이때 작은 유리병의 아랫면이 $NaHCO_3$ 용액 표면으로부터 약 2~3 cm 떨어져 있도록 설치한다<그림 24-2>.

⑤ 2개의 flask장치를 최소 1000 ft-c의 조도에서 3시간 동안 두어 잎 조직이 광합성을 수행하도록 한다. 광원으로부터 나오는 열을 차단하기 위하여 광원과 flask 사이에 물이 담긴 유리그릇을 놓는다. flask 안의 $CO_2$와 용액 내의 $CO_2$가 서로 평형이 되

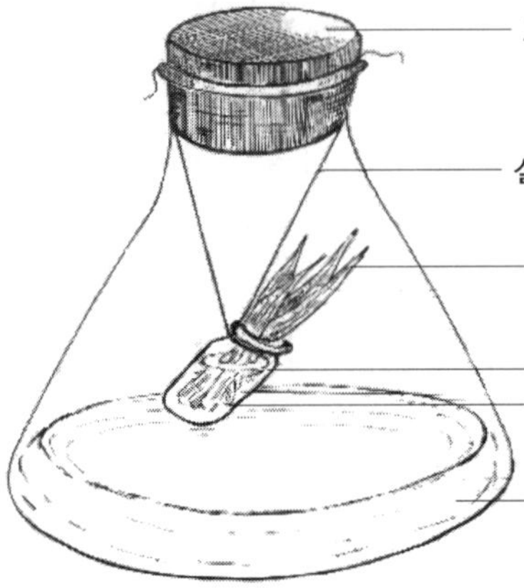


〈그림 24-2〉 $CO_2$ 보상점 측정장치

도록 가끔 가볍게 흔들어준다. 이때 작은 유리병이 flask 안벽에 부딪히지 않도록 조심한다.

⑥ 3시간 후, 두 flask의 마개를 열고 즉시 $NaHCO_3$ 용액의 pH를 측정한다. 〈그림 24-1〉의 표준곡선을 이용하여 측정된 pH 값으로부터 대기 중의 $CO_2$ 농도(ppm)를 환산하여 〈양식 24-1〉에 기록한다.

## 4. 생각해보기

① 광합성 3시간 후, flask를 열고 즉시 $NaHCO_3$의 pH를 측정하는 이유를 설명하시오.

② 만일 광합성 수행 도중 flask의 마개에 틈이 있어서 공기가 드나들었다면 어떤 영향을 미쳤을 것인지 논의하시오.

③ 만일 본 실험의 최초 pH와 최종 pH 사이에 별 차이가 없었다고 한다면 어떤 방법으로 실험 과정을 개선해야 할 것인지 설명하시오.

④ 광합성에 있어서 $CO_2$ 보상점과 광보상점을 비교하여 설명하시오.

## 5. 실험 준비 일정

| 시간 | 준비 사항 | 기타 |
|---|---|---|
| 3주 전 | 옥수수 / 밀 혹은 보리 심기 | 생장 조건에 따라 시간 조절 가능 |
| 하루 전 | 각종 초자류 및 실험 기구 준비 | |
| 실험일 | $NaHCO_3$ 용액 제조 | 신선한 용액이 중요함 |

# 결과 보고서

| 실험 24 $C_3$ 식물과 $C_4$ 식물의 $CO_2$ 보상점 비교 | | | | | |
|---|---|---|---|---|---|
| 조 | 학번 | 이름 | 실험일자 | 점수 | 기타 |
| | | | | | |

〈양식 24-1〉 대기 중 $CO_2$ 농도값

| 식물종류 | 최초pH | 최종pH | 최종$CO_2$(ppm) |
|---|---|---|---|
| | | | |
| | | | |
| | | | |

빛의 조도 : ____________ $W \cdot m^{-2}$
온 도 : ____________ ℃
광합성 소요시간 : ________ 시간 _______ 분

# 실험 25

## 콩과 식물 잎의 생장곡선 측정

### 1. 서론

생물체에서 생장(growth)은 세포의 수, 부피 혹은 무게가 비가역적으로 증가하는 현상이다. 생장의 정도를 알아보기 위하여 개체의 어떤 부분의 길이, 넓이, 너비 또는 직경 등이나 생체량(fresh weight) 혹은 건량(dry weight) 등을 측정한다.

식물의 생장은 동물에서와는 달리, 분열조직에서 세포가 분열 한 후, 세포가 수분을 흡수하며 세포벽이 유연해지고, 이에 따라 세포가 신장을 하며 일어난다. 즉 세포의 길이가 늘어나는 생장을 하기 때문에 식물 생장은 종종 식물 신장 (elongation) 이라고도 한다.

고등식물의 생장은 생육기간 동안 항상 일정한 속도로 일어나는 것이 아니라 초기발생 단계의 유도기 (lag phase)가 생장율이 점차 증가되는 대수기 (logarithmic phase)로 이어지며 생육 후반기에 접어들면서 완숙 단계에서 노화기 (senescence phase)로 되며 이때에는 생장률이 점차 감소되다가 마침내 0이 된다. 이러한 생장율의 모형을 전형적인 S (sigmoid)형 생장곡선이라 한다.

본 실험에서는 콩의 생장곡선을 알아보기 위하여 종자 내의 어린 잎에서 완숙한 초생엽 (primary leaf)까지의 생장을 측정한다.

## 2. 실험재료 및 기구

- 하룻밤 침윤된 콩 종자 50~60개
- 화분 또는 묘판
- 모래 또는 질석 (vermiculite)
- 표지막대
- 자 (mm 단위)

## 3. 실험 방법

① 침윤된 콩 종자 중에서 크기가 비슷한 3개의 종자를 골라 자엽(콩깍지)을 열어 배(embryo)의 어린 잎의 길이를 mm 단위로 측정한다(〈그림 25-1〉 참조). 어린 잎 3개의 평균치를 구한다.

② 침윤된 콩 종자 중에서 종피가 통통한 30개를 골라 모래 또는 질석이 깔린 화분이나 묘판에 파종한다. 물을 흠뻑 준 후 온실에 옮긴다.

③ 파종 후 3~21일 동안 2일 간격으로 3개체를 무작위로 택하여 잎자루를 포함하여 한 쌍의 일차엽의 길이를 mm 단위로 잰다(〈그림 25-1〉 참조). 파종 후 5일 또는 7일째에는 지표면 위로 생장하지 않을 것이므로 이 경우에는 흙을 헤치고 뽑아낸 후 잎의 길이를 잰 다음, 개체를 폐기한다.

④ 식물의 배(embryo) 부분이 자엽과 함께 지상으로 올라온 후부터는 각 개체에 표지를 하고 동일한 개체를 계속 측정한다. 가능한 한 여러 개체를 대상으로 한 후 이의 평균치를 구하여 〈양식 25-1〉에 기록하고 〈양식 25-2〉에 생장곡선과 생장률을 그린다.

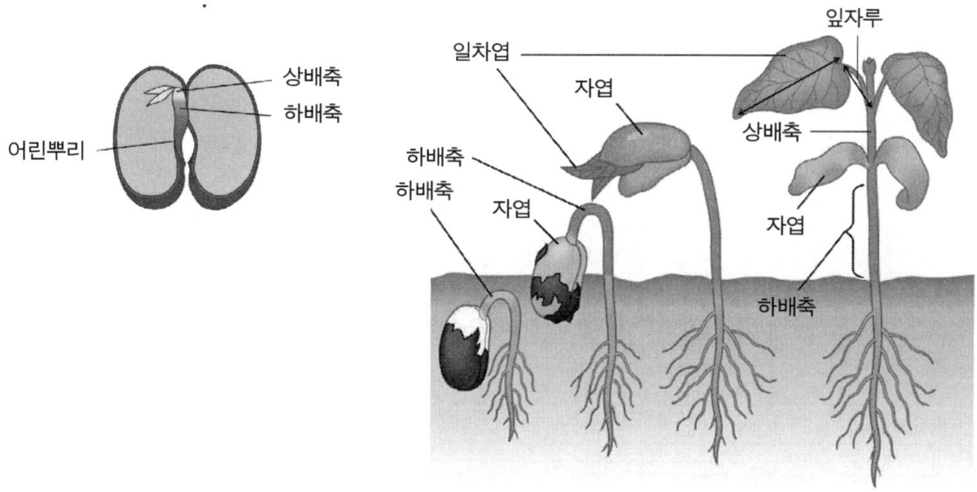


〈그림 25-1〉 콩의 생장. 종자의 발아에서 일차엽 완숙 단계

## 4. 생각해보기

① Sigmoid형의 생장곡선은 어떤 생물에나 다 적용될 수 있는지 생각해보시오.

② 콩 잎의 생장은 어느 부위에서 일어나는지 생각해보시오.

③ 만일 콩 종자가 발아할 때부터 개체가 성숙할 때까지 개체 전체의 건량을 측정한다면 생장곡선의 형태는 어떻게 될지 생각해보시오.

④ 자엽의 건량을 측정하였다면 이의 곡선은 어떤 형태일지 생각해보시오.

## 5. 실험 준비 일정

| 시간 | 준비 사항 | 기타 |
|---|---|---|
| 22일 전 | 콩을 침윤시킨다 | |
| 21일 전 | 길이측정 및 파종 | |
| 2일 간격 | 길이측정 | |

# 결과 보고서

| 실험 25 콩과 식물 잎의 생장곡선 측정 | | | | | |
|---|---|---|---|---|---|
| 조 | 학번 | 이름 | 실험일자 | 점수 | 기타 |
| | | | | | |

〈양식 25-1〉 길이 측정값

| 경과시간(일) | 잎(잎자루 포함)의 길이 | | | |
|---|---|---|---|---|
| | 개체1 | 개체2 | 개체3 | 평균값 |
| 0 | mm | mm | mm | mm |
| 3 | mm | mm | mm | mm |
| 5 | mm | mm | mm | mm |
| 7 | mm | mm | mm | mm |
| 9 | mm | mm | mm | mm |
| 11 | mm | mm | mm | mm |
| 13 | mm | mm | mm | mm |
| 15 | mm | mm | mm | mm |
| 17 | mm | mm | mm | mm |
| 19 | mm | mm | mm | mm |
| 21 | mm | mm | mm | mm |

〈양식 25-2〉 생장 곡선

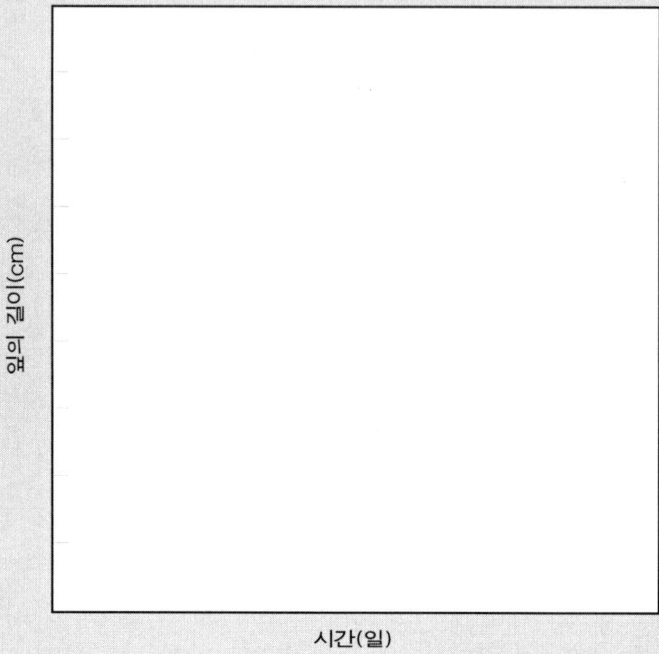


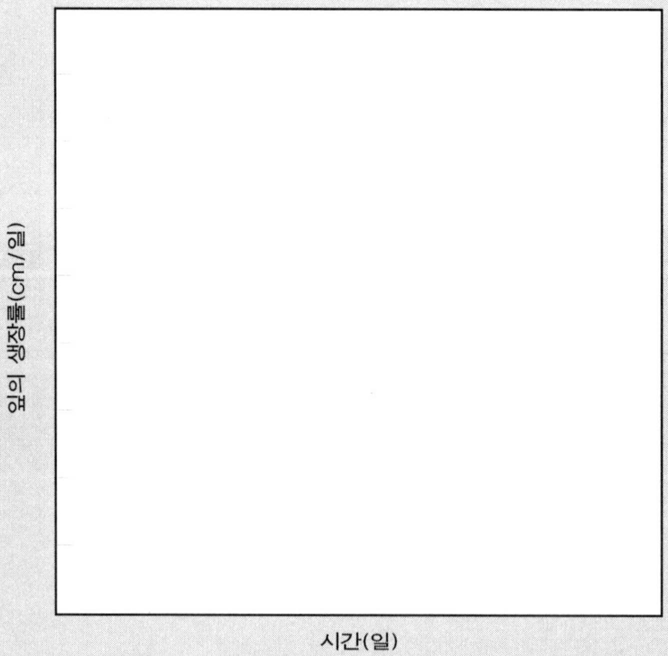

# 실험 26

## 어린식물의 생장부위 분포

### 1. 서론

식물의 생장은 동물과 달리 일부 부위에서만 일어난다. 동물은 몸 전체에서 세포분열이 일어나지만 식물의 분열조직은 크게 3종류가 있다. 첫째, 줄기와 뿌리의 정단부위에서 세포분열을 활발하게 하여 1차 생장에 바탕이 되는 세포의 수를 증가시키는 정단분열조직(apical meristem)이며, 둘째 목본식물에서 2차 물관부와 체관부 조직을 형성하여 2차생장을 일으키는 형성층(cambium)과 코르크 조직을 생산하는 코르크형성층(phellogen)인데 이를 측생분열조직(lateral meristem)이라 한다. 셋째로 초본에서 볼 수 있으며 잎의 기부에 존재하는 개재분열조직(intercalary meristem)이 있다. 이러한 분열조직의 활동은 유전적인 조절과 더불어 식물체 내의 화학적 환경과 외부 환경조건에 의하여 크게 영향을 받는다. 본 실험에서는 어린식물의 생장부위 분포를 알아본다.

### 2. 실험재료 및 기구

- 완두 어린식물(질석에 파종 후 3~4일생) 5개체
- 완두 어린식물(햇빛에서 7~8일생) 2개체

- 직경 9 cm 정도의 Petri dish
- 흡수지
- 자(mm 단위)
- 먹물
- 먹물 표시 기구 〈그림 26-1〉
- 명주실
- 접착 테이프

## 3. 실험 방법

### 1) 뿌리 생장

① 파종한 지 3~4일 되는 완두를 모래나 질석을 헤치고 토양 속에서 조심스럽게 꺼낸다. 뿌리의 길이가 1~2 cm 되는 5개체를 선택한다. 여러 겹의 흡수지를 Petri dish 바닥에 깔고 그 위에 물을 붓고 흡수지를 흠뻑 적신 뒤 남는 물을 기울여 버린다. 5개체의 완두를 뿌리가 한 방향으로 나란히 향하게 흡수지 위에 배열한다.

② 먹물 표시 기구〈그림 26-1〉를 사용하여 2 mm 간격으로 완두 뿌리에 뿌리끝 부분으로부터 가능한 한 작게 점 또는 선을 찍는다. 이때에 손으로 뿌리를 만져서는 안된다.

③ 각 개체의 뿌리의 길이를 mm 단위로 측정한다.

④ Petri dish 뚜껑을 닫는다. 뚜껑을 닫은 후 Petri dish를 옆으로 세워도 완두의 위치가 흐트러지거나 떨어지지 않도록 자엽이 흡수지에 파묻혀서 뚜껑에 의해

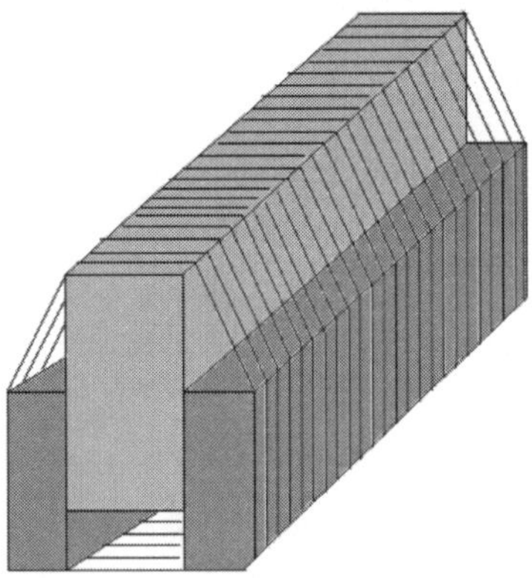

〈그림 26-1〉 먹물 표시 기구

눌려 있도록 처음부터 흡수지를 두께만큼 깔도록 한다. 뚜껑을 닫은 뒤 접착테이프 등으로 뚜껑을 고정시키고 완두의 뿌리가 수직으로 향하도록 Petri dish의 위치를 고정하고 암소에 둔다.

⑤ 약 2일 후에 뿌리 전체의 길이와 각 간격의 길이를 mm 단위로 측정한다. 5개체의 결과를 모아 각 간격 간의 길이와 뿌리 전체의 길이의 평균치를 계산한다(〈양식 26-1〉 〈양식 26-2〉).

### 2) 줄기 생장

① 햇빛에서 1주일 정도 생장한 완두 2개체를 준비한다. 먹물 표시 기구를 사용하여 마디사이에 간격 2 mm의 먹물선을 가늘게 표시한다〈그림 26-2〉. 자엽에서 줄기의 정단부까지 먹물표시를 한다. 줄기의 정단부는 1쌍의 작은 잎에 끼워 있듯이 가려져 있어서 주의 깊게 찾아내야 한다. 정단부로부터 위로 뻗어 있는 부분은 덩굴손이다. 토양의 표면으로부터 정단부까지의 높이를 측정한다.

② 먹물 간격의 거리와 식물의 높이를 5~6일 후에 측정한다〈양식 26-3〉 〈양식 26-4〉.

## 4. 생각해보기

① 완두의 뿌리 신장과 줄기 신장의 양상을 비교하여 설명해보시오.

② 빛은 줄기의 신장에 어떤 영향을 미치는지 생각해보시오.

③ 줄기의 마디사이의 신장은 세포분열에 의한 것인지 혹은 세포 부피증가에 의한 것인지 생각해보시오.

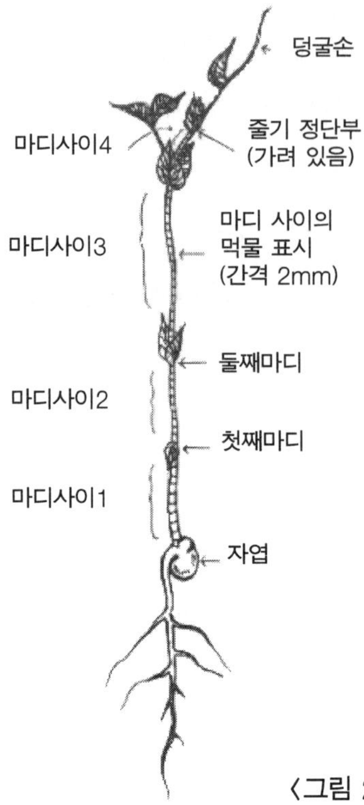


〈그림 26-2〉 완두 마디사이의 먹물 표시의 예

## 5. 실험 준비 일정

| 시간 | 준비 사항 | 기타 |
|---|---|---|
| 1주 전 | 완두 파종 | 햇빛에서 키움(뿌리 생장용) |
| 3일 전 | 완두 파종 | 햇빛에서 키움(줄기 생장용) |
| 2일 후 | 뿌리 생장 관찰, 측정 | |
| 5~6일 후 | 줄기 생장 관찰, 측정 | |

# 결과 보고서

| 실험 26 어린식물의 생장부위 분포 | | | | | |
|---|---|---|---|---|---|
| 조 | 학번 | 이름 | 실험일자 | 점수 | 기타 |
| | | | | | |

〈양식 26-1〉 뿌리 신장(기간:            일)

| 뿌리 | 최초 길이 | 최종 길이 |
|---|---|---|
| 1 | mm | mm |
| 2 | mm | mm |
| 3 | mm | mm |
| 4 | mm | mm |
| 5 | mm | mm |
| 평균 | mm | mm |
| | 평균 신장률 : | mm/hr |

〈양식 26-2〉 뿌리 신장부위 관찰 (※최초 간격 : 2mm)

| 간격 번호 | 평균 간격 (mm) |
|---|---|
| 1(뿌리끝) | |
| 2 | |
| 3 | |
| 4 | |
| 5 | |
| 6 | |
| 7 | |
| 8 | |
| 9 | |
| 10 | |
| 11 | |
| 12 | |
| 13 | |

〈양식 26-3〉 줄기 신장(기간:            일)

| 식물 | 최초 줄기 길이 | 최종 줄기 길이 |
|---|---|---|
| 1 | mm | mm |
| 2 | mm | mm |
| 줄기 신장률 : | mm/hr | |

〈양식 26-4〉 마디사이의 신장(기간:            일)

| 마디사이 | 간격No. | 평균 간격(mm) | 마디사이 | 간격No. | 평균간격(mm) |
|---|---|---|---|---|---|
| | | | | | mm |

# 실험 27

## 귀리 자엽초 절편을 이용한 Auxin의 정량 분석

### 1. 서론

1880년 다윈(Charles Darwin)은 빛이 한 방향에서 비출 때 자엽초 끝부분으로부터 어떤 '영향'이 밑으로 이동되어 자엽초 아래 부분을 휘게한다고 발표하였다. 1926년에 벤트(Fritz Went)는 귀리 자엽초의 정단부로부터 화학물질이 확산되어 굴광성을 일으킨다고 발표하였고, 이 물질을 auxin이라고 명명하였다. 1930년대에 auxin의 화학구조가 indole 3-acetic acid(IAA)로 밝혀졌고 식물조직으로부터 추출된 auxin을 정량 분석하는 여러 생물학적 방법이 개발되었다.

생물검정법은 생물체에 작용하는 활성 물질을 물리·화학적인 방법이나 기기를 쓰지 않고, 활성 물질에 대한 어떤 생물 또는 생물의 조직 및 기관의 반응도를 기준으로 하여 그 물질을 정량 분석하는 방법이다. 이 방법은 식물 호르몬과 같이 생체 내 극미량으로 존재하는 물질 분석에 종종 사용된다. Auxin의 생물검정법 중 가장 잘 알려진 것은 귀리 자엽초의 정단부로부터 확산된 auxin을 함유한 한천 조각을 정단부가 절단된 자엽초의 한쪽 끝부분에 올려 놓은 후 auxin에 의한 세포신장으로 자엽초가 굴곡되는 각도를 auxin의 양으로 환산하는 귀리 자엽초 굴곡 실험이다〈그림 27-1〉. 이 방법은 벤트가 개발한 것으로 어느 범위 내에서는 굴곡의 각도가 auxin의 양과 비례한다는 원리를 이용한 분석법으로서 2×2×1 mm 크기의 한천조각 내의 auxin의 양을 최소 $8 \times 10^{-11}$ g까지 측정할 수 있는 정밀한 방법이다.

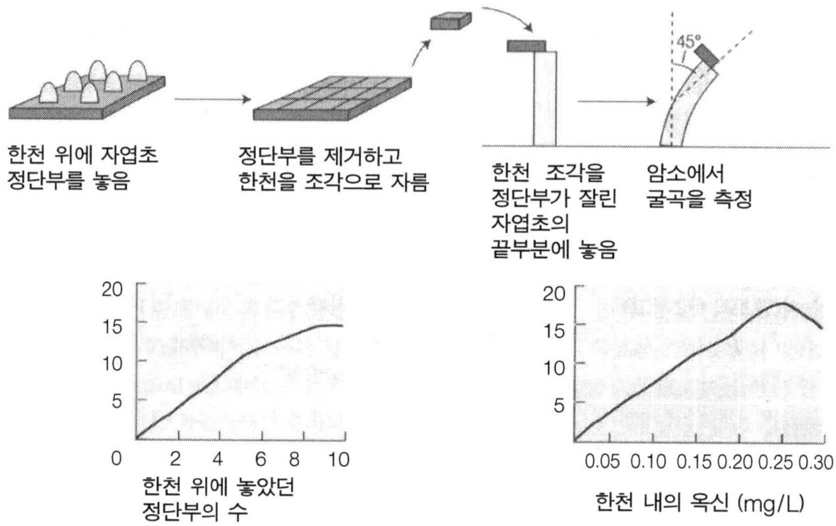


〈그림 27-1〉 자엽초 굴곡 측정을 통한 Auxin 생물검정법

본 실험에서 실시하는 auxin의 생물검정법은 '귀리 자엽초 절편 실험'으로서 자엽초의 세포를 신장시키는 auxin의 작용을 이용한 방법이다. 자엽초의 끝부분으로부터 생성되어 밑으로 이동되는 auxin은 자엽초 세포를 신장시킴으로써 토양 표면에 도달될 때까지 암소에서 생장한다. 그러므로 본 실험에서는 auxin의 생성부위인 자엽초의 정단부를 제거하여야만 외부에서 가한 auxin에 대한 반응을 외부 auxin의 양으로 전환할 수 있다. 또한, 가시광선 중 특히 청색광은 자엽초 내의 색소에 의해 흡수되어 조직 내 auxin의 활성을 저해하기 때문에 본 실험은 적색광하에서 준비하여야 하고 auxin 용액에 넣은 자엽초 절편은 암소에 보관하여야 한다.

## 2. 실험재료 및 기구

- 귀리(*Avena sativa*) 어린식물 60개체[a)]
- 100 mg/L IAA 용액 2 mL (희석할 원액)[b)]
- 농도 불명의 IAA 용액 2 L[c)]
- 2% sucrose 용액 약 100 mL
- 최소 20 mL 용량 Petri dish 6개
- pipette
- 면도칼
- 자 (mm단위)
- 알루미늄 호일

### 실험 준비

a) 15 mm 길이의 자엽초 끝에서 잎이 터져 나오지 않은 개체를 선별하여 항상 암소에 보관한다.

b) Auxin은 물에 잘 녹지 않으므로 일정량의 물질을 가능한 한 소량의 95% 에탄올에 녹인 후, (계속 진탕하면서) 이 용액에 증류수를 조금씩 가한다. 따라서 이러한 용액에 대한 대조구에도 같은 농도의 에탄올이 함유되어야 한다.

c) 각 실험조 별로 다른 농도를 조교가 제공

## 3. 실험방법

① 귀리종자를 27℃에서 하룻밤 동안 물에 담가놓은 후, 〈그림 27-2〉와 같이 tray 위에 kitchen towel 2장을 깔고 물로 적시고(A) 그 위에 귀리종자 배의 뿌리 부분이 아래로 향하도록 가로로 배열한다(B). 그 위에 다시 kitchen towel 2장으로 덮고 물로 적신 후 tray로 덮고(C) 테이프로 붙여서 고정시킨 후(D) 물이 담긴 통안에 수직으로 세워 놓아(E) 귀리 자엽초와 뿌리가 곧게 자라도록 암소에서 5일간 키운다.

② 자엽초가 수직으로 곧게 자란 귀리 어린식물 60개체를 골라 준비한다. 귀리 어린식물을 다룰 때에는 반드시 적색등만 켜져 있는 암실에서 모든 조작을 실시한다. 눈금이 있는 Petri dish 〈그림 27-3〉를 사용하여 면도칼로 자엽초 끝 2~3 mm 정도 제거한 후 10 mm 길이의 자엽초 절편을 준비한다. 이 때 자엽초를 손이나 핀셋 등으로 만지지 말아야 한다. 절편은 즉시 10개씩 각 Petri dish의 용액에 넣고 뚜껑을 덮은 뒤, 알루미늄 호일로 싸서 25℃의 암소에 보관한다.

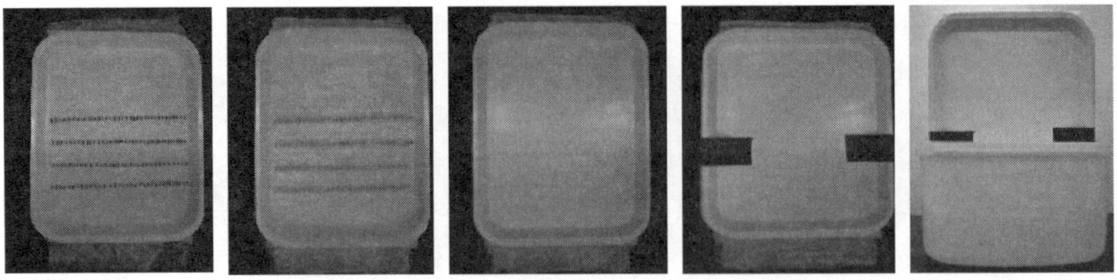

(A) (B) (C) (D) (E)

〈그림 27-2〉 귀리종자 심는 순서

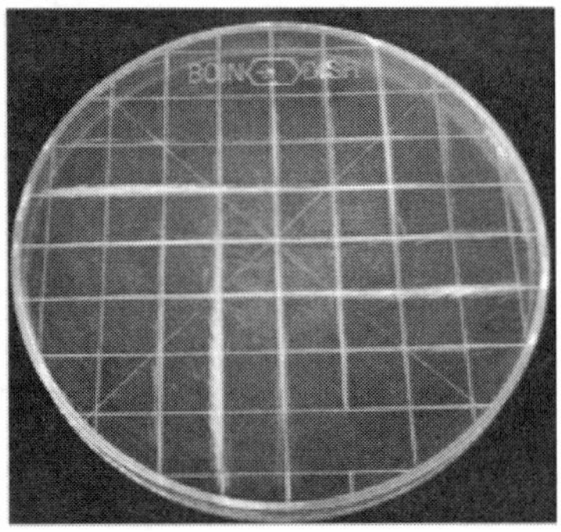

〈그림 27-3〉 눈금이 있는 Petri dish (90 × 15 mm)

③ Petri dish 6개를 준비한 후 1~6번의 번호를 붙인다. 1~5번까지의 Petri dish에 각각 2% sucrose 용액 18 ml씩 넣는다.

④ 다음 표와 같이 IAA 용액을 첨가한다.

⑤ 48시간 뒤, 각 처리군 별로 자엽초의 길이를 mm 단위로 정밀히 측정하여 기록한

| Petri dish 번호 | 첨가하는 IAA 용액 | IAA의 농도(mg/L) |
|---|---|---|
| #1 | IAA를 녹인 용액 2 mL | 0 |
| #2 | #3 용액의 2 mL | 0.01 |
| #3 | #4 용액의 2 mL | 0.1 |
| #4 | #5 용액의 2 mL | 1 |
| #5 | 100 mg/L IAA 2 mL | 10 |
| #6 | 미지의 IAA 용액 2 mL | |

다. 이 때 10개 절편을 모두 한 줄로 열을 세워 길이 변화를 측정하고 그래프를 이용하여 미지의 IAA 농도를 구한다(〈양식 27-1〉, 〈양식 27-2〉).

## 4. 생각해보기

① 자엽초의 정단부위를 제거한 이유를 생각해보시오.

② 각 농도의 auxin에 의한 식물의 뿌리, 눈 및 줄기의 생장 반응을 일반적으로 나타내는 그래프를 조사하여 그려보자. 최적농도를 기준으로 auxin은 각 기관 생장에 어떤 영향을 주는지 알아보시오.

③ 미지의 IAA 농도는 얼마인지 결과를 그래프로 그려 알아보시오.

④ 귀리 자엽초를 다룰 때에 적색광 밑에서 실험을 하여야 하는 이유는 무엇인지 생각해보시오.

## 5. 실험 준비 일정

| 시간 | 준비 사항 | 기타 |
|---|---|---|
| 5일 전 | 5시간 침윤시킨 종자 발아 (발아상자) | 암소에서 키움 |
| 실험일 | 실험에 사용될 용액 제조<br>자엽초 절편 처리 | |
| 48시간 후 | 길이 측정 | |

# 결과 보고서

| 실험 27 귀리 자엽초 절편을 이용한 Auxin의 정량 분석 | | | | | |
|---|---|---|---|---|---|
| 조 | 학번 | 이름 | 실험일자 | 점수 | 기타 |
| | | | | | |

〈양식 27-1〉 표준편차 및 표준오차 구하기

| IAA농도 (mg/L) | 자엽초 평균 길이 | 신장 반응 (증감%) | 표준편차 | 표준오차 |
|---|---|---|---|---|
| 0 | mm | % | | |
| 0.01 | mm | % | | |
| 0.1 | mm | % | | |
| 1.0 | mm | % | | |
| 10.0 | mm | % | | |
| 미지 농도 | mm | % | | |

〈양식 27-2〉 신장률 그래프 그리기

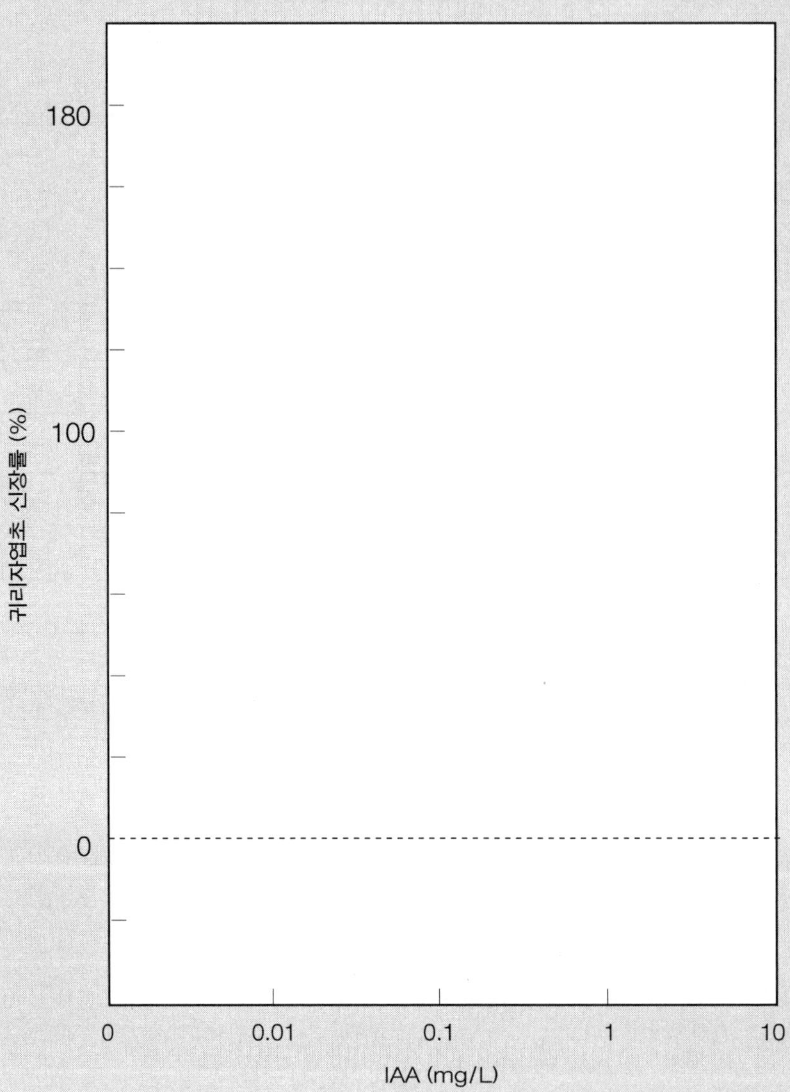

# 실험 28

## 식물 호르몬이 줄기 절편의 신장에 미치는 효과

### 1. 서론

Auxin은 줄기 정단에서 합성되어 하향적으로 수송된다. 따라서 줄기나 자엽초의 정단 밑 부위는 지속적으로 신장이 일어난다. 정상적인 식물의 신장 부위에는 충분한 auxin이 존재하므로 외부에서 auxin을 처리하여도 생장 촉진 효과는 거의 일어나지 않는다. 특히 암조건에서 키운 식물의 경우 외부에서 auxin을 처리하면 저해 효과까지 나타나는데 이는 auxin의 최적 농도가 암조건에서 자란 식물이 더 낮기 때문이다. 그러나 줄기를 절편으로 하여 내부 auxin의 농도를 낮게 하면 외부에서 처리한 auxin에 대하여 극적으로 반응하여 신장률은 다시 증가한다. Gibberellin(GA)을 절간에 처리하면 신장 효과가 나타나나, 절편에 처리하면 거의 효과가 나타나지 않는다. 즉, 첫 번째 절간의 신장이 일어나지 않은 로제트 식물에 GA를 처리하면 절간 신장이 일어난다. Cytokinin은 세포분열을 촉진한다.

본 실험에서는 암소에서 자란 완두의 절간 절편 신장에 대한 auxin(IAA), gibberellin($GA_3$)와 Cytokinin(kinetin)의 효과를 알아본다.

## 2. 실험재료 및 기구

- 완두 어린식물 약 60 개체 (암소에서 자란 1주일생)
- $5 \times 10^{-4}$ M IAA, $GA_3$ 및 kinetin 용액[a)]
- $5 \times 10^{-5}$ M IAA, $GA_3$ 및 kinetin 용액[a)]
- $5 \times 10^{-6}$ M IAA, $GA_3$ 및 kinetin 용액[a)]
- $5 \times 10^{-7}$ M IAA, $GA_3$ 및 kinetin 용액[a)]
- 0.01 M 인산 완충액 (pH 6.5) (3% sucrose 포함된 20 mL)[b)]
- 직경 5 cm 이상의 Petri dish 5개
- pipette
- 자 (mm단위)

### 실험 준비

a) $GA_3$과 IAA는 우선 소량의 95% 에탄올에 녹인 후, 물을 조금씩 가하여 혼합한다. 이 때 에탄올의 최종 농도가 0.1% 미만이 되도록 한다. $10^{-4}$ M kinetin 500 mL 만들기 위해서는 우선 kinetin 10.8 mg을 0.1 N HCl 10 mL 녹인 뒤, 이 용액을 487 mL $H_2O$에 세차게 휘저으면서 한 방울씩 가한다. 이렇게 만든 용액의 pH는 약 2.8이고, 여기에 0.3 N KOH를 한 방울씩 가하면서 pH 6.0으로 맞춘다.

b) 0.01 M $NaH_2PO_4$ 68.5 mL에 0.01M $NaHPO_4 \cdot 7H_2O$를 pH 6.5가 될 때까지 조금씩 가하여 혼합한다. 이렇게 만들어진 완충액은 약 100 mL가 될 것이다.

## 3. 실험 방법

① 각 실험조는 IAA, $GA_3$ 및 kinetin 중 어느 하나를 지정받아 본 실험을 시작한다.

② Petri dish 5개에 각각 0.01 M phosphate buffer (pH 6.5) 4.0 mL 씩을 넣는다.

③ Petri dish 5개에 각 농도($5 \times 10^{-4}$ M, $5 \times 10^{-5}$ M, $5 \times 10^{-6}$ M 및 $5 \times 10^{-7}$ M)의 식물 생장조절물질 1.0 mL씩을 가하여 잘 섞는다. Petri dish 내 이들의 최종 농도는 각각 $10^{-4}$, $10^{-5}$, $10^{-6}$과 $10^{-7}$ M이 된다. 대조구로서 Petri dish 한 개에 증류수(IAA 용액을 만들 때 가했던 95% 에탄올의 최종 농도가 포함된) 1.0 mL를 가한다.

④ 암실에서 완두 어린식물을 약 60개체를 꺼낸다. 특히 셋째마디 사이는 절편을 만들 부분이므로 손으로 만지거나 손상시키지 않도록 조심한다. 토양 표면으로부터 1 cm 위치에서 줄기를 절단한 뒤 흙이나 질석을 털어버리고 젖은 흡수지를 깔고

그 위에 가지런히 올려놓은 후, 상배축의 후크(epicotyl hook)로부터 아래쪽 3 cm 부위를 잘라 버린다. 〈그림 28-2〉에서와 같이 셋째 마디사이로부터 10 mm 길이의 줄기 절편 한 개씩을 준비한다. 50개의 절편을 만들어 증류수가 담긴 용기에 띄워 놓은 뒤 각 농도의 식물생장조절물질 용액이 담긴 5개의 Petri dish에 각각 10개씩의 절편을 넣는다.

⑤ 이렇게 준비된 Petri dish를 암실에서 48시간 동안 둔다. 48시간 후에 각 절편의 길이를 가능하면 0.1 mm 단위로 측정한다. 만일 48시간 후에 측정할 수 없을 경우에는 냉장 보관한다. 〈양식 28-1〉 및 〈양식 28-2〉의 형태로 결과를 정리한다.

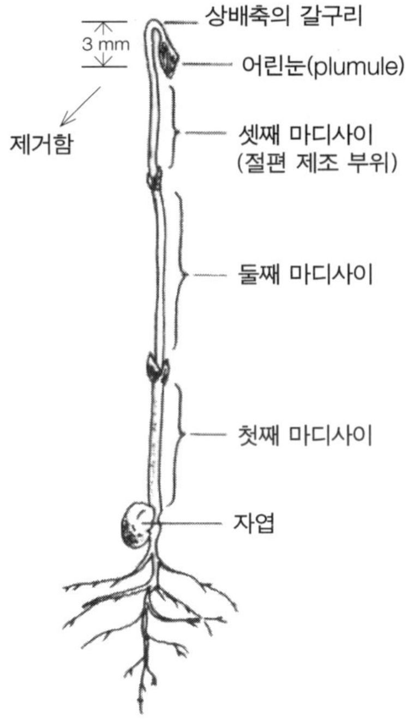


〈그림 28-2〉 암소 생장한 완두(1주일생)의 마디사이 배열

## 4. 생각해보기

① 모든 경우에서 줄기 절편의 신장이 촉진 혹은 억제되었는지 분석해보시오.

② 첫째 또는 둘째 마디사이에서 절편을 만들었다면 어떤 결과가 나타날 것인지 생

각해보시오.

③ 본 실험에서 절편 배양 중에 첨가한 sucrose는 어떤 역할을 하였는지 생각해보시오.

## 5. 실험 준비 일정

| 시간 | 준비 사항 | 기타 |
|---|---|---|
| 5일 전 | 5시간 침윤시킨 종자 발아 (발아상자) | 암소에서 키움 |
| 실험일 | 실험에 사용될 용액 제조<br>자엽초 절편 처리 | |
| 48시간 후 | 길이 측정 | |

# 결과 보고서

| 실험 28 식물 호르몬이 줄기 절편의 신장에 미치는 효과 | | | | | |
|---|---|---|---|---|---|
| 조 | 학번 | 이름 | 실험일자 | 점수 | 기타 |
| | | | | | |

〈양식 28-1〉 표준편차 및 표준오차 구하기

| 생장물질 | 줄기 절편의 최종 길이 (mm) | | | | | | | | | | 평균증가 |
|---|---|---|---|---|---|---|---|---|---|---|---|
| (M) | 1 | 2 | 3 | 4 | 5 | 6 | 7 | 8 | 9 | 10 | (mm) |
| IAA<br>$10^{-4}$<br>$10^{-5}$<br>$10^{-6}$<br>$10^{-7}$<br>0 | | | | | | | | | | | |
| $GA_3$<br>$10^{-4}$<br>$10^{-5}$<br>$10^{-6}$<br>$10^{-7}$<br>0 | | | | | | | | | | | |
| Kinetin<br>$10^{-4}$<br>$10^{-5}$<br>$10^{-6}$<br>$10^{-7}$<br>0 | | | | | | | | | | | |

〈양식 28-2〉

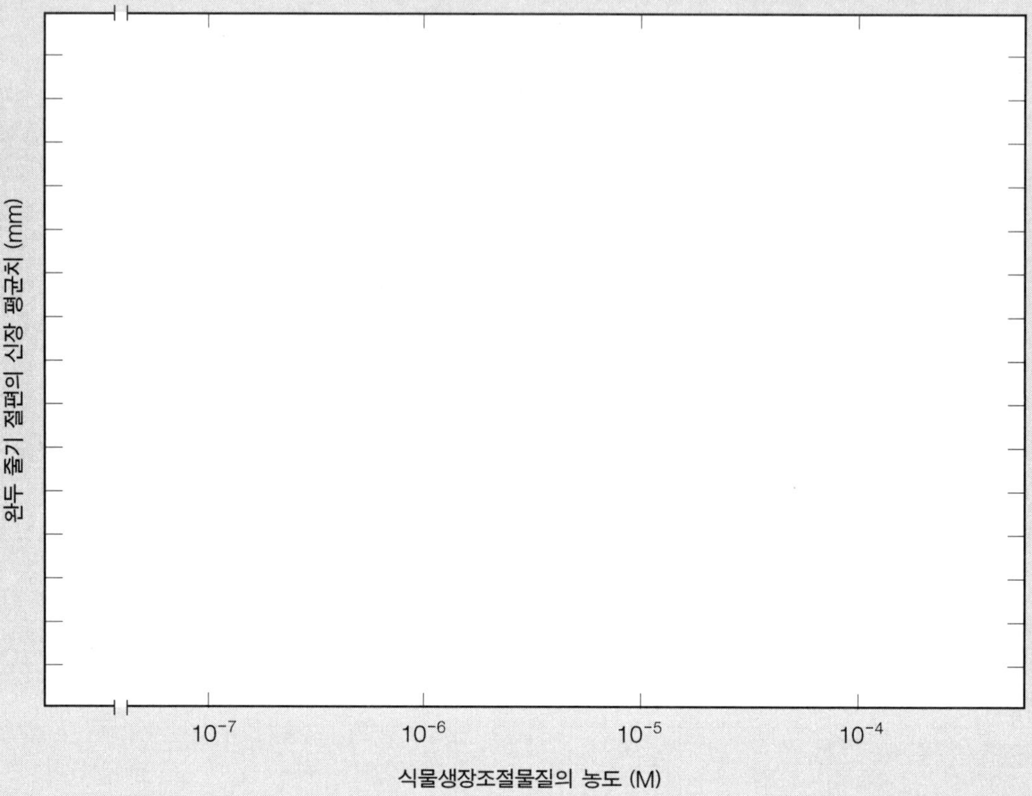

# 실험 29

# 식물 호르몬이 뿌리 절편의 신장에 미치는 효과

## 1. 서론

뿌리 생장에 대한 식물 호르몬의 작용은 줄기나 자엽초와는 다르다. 일반적으로 줄기, 눈 그리고 뿌리의 생장에 대한 IAA의 최적 농도는 각각 다르다. 일차 뿌리 신장에 대한 auxin의 최적 농도는 약 $10^{-8}$ M 이어서 줄기나 자엽초에 비하여 IAA에 대한 뿌리의 민감도는 2,000배 정도 높다. Auxin의 농도가 $10^{-8}$ M 이상이면 뿌리 신장은 억제되나 측근과 부정근의 형성은 촉진된다. 뿌리에 gibberellin을 처리하면 일반적으로 뿌리의 신장에는 별 영향을 미치지 않으나 뿌리의 절편을 무균상태의 gibberellin 용액에서 배양하면 절편의 신장 촉진 효과를 관찰할 수 있다.

본 실험에서는 완두의 뿌리 끝부분을 절단하고 여러 식물 호르몬이나 생장 조절 물질을 처리하여 뿌리 생장에 대한 효과를 알아보도록 한다.

## 2. 실험재료 및 기구

- 완두 일차뿌리(온실에서 3~4일간 자란 완두를 준비함) 60개
- 125 mL Erlenmeyer flask와 고무마개 각 6개
- 저울

- pipette (1 mL, 5 mL, 10 mL)
- $5 \times 10^{-5}$ M IAA, $GA_3$ 및 kinetin (또는 zeatin) 용액[a)]
- $5 \times 10^{-6}$ M IAA, $GA_3$ 및 kinetin (또는 zeatin) 용액[a)]
- $5 \times 10^{-7}$ M IAA, $GA_3$ 및 kinetin (또는 zeatin) 용액[a)]
- $5 \times 10^{-8}$ M IAA, $GA_3$ 및 kinetin (또는 zeatin) 용액[a)]
- $5 \times 10^{-9}$ M IAA, $GA_3$ 및 kinetin (또는 zeatin) 용액[a)]
- 5 mM 인산 완충용액 (pH 6.5)[b)] (단, 2% sucrose와 50 μM $CoCl_2$ 또는 $Co(NO_3)_2$가 포함된) 30 mL
- 핀셋
- 면도날, 자(mm 단위)
- 알루미늄 호일
- 자 (mm단위)

## 실험 준비

a) 식물 호르몬 및 생장조절물질 용액은 [실험 27]과 같은 방법으로 만든다.

b) 5 mM $NaH_2PO_4$ 68.5 mL에 5 mM $Na_2HPO_4 \cdot 7H_2O$를 pH 6.5가 될 때까지 조금씩 가하면서 혼합한다. 이렇게 만들어진 완충용액은 약 100 mL가 될 것이다.

# 3. 실험 방법

① 각 실험조는 식물생장조절물질인 IAA, $GA_3$ 및 kinetin (또는 zeatin) 중 하나를 지정받아 실험한다.

② 5 mM 인산 완충용액 (pH 6.5, 2% sucrose와 50 μM $CoCl_2$ 또는 $Co(NO_3)_2$ 포함) 4.0 mL와 식물생장조절물질 용액 1.0 mL를 125 mL flask 5개에 각각 넣는다. 이 물질의 최종 농도는 $10^{-5}$ M, $10^{-6}$ M, $10^{-7}$ M, $10^{-8}$ M과 $10^{-9}$ M이 된다. 6번 flask (대조구)에는 5 mM 인산 완충용액 4.0 mL와 증류수 1.0 mL를 가한다. 이 증류수에는 IAA 등의 용액을 만들 때에 가한 95% 에탄올의 최종 농도가 들어있어야 한다.

③ 키가 비슷한 완두 어린식물 60개체를 골라 뿌리 끝이 손상되지 않도록 흙이나 질석을 털어낸 후, 물에 적신 흡수지 위에 놓고 새 면도날로 일차뿌리의 끝 5 mm 부분을 정확히 절단하여 뿌리 정단부 절편을 준비한다. 절단된 뿌리 정단부분은 마르지 않도록 젖은 흡수지로 덮어 둔다.

④ 뿌리 정단부 절편 60개를 알루미늄 호일에 싼 후, 저울로 정밀히 무게를 측정하여

최초 생체량(평균)을 산출한다.

⑤ 무작위로 뿌리 정단부 10개씩을 위에서 준비한 flask 용액 속에 넣고 고무마개로 단단히 봉한다. 암실이나 실험실 선반(햇빛이 직접 안 비치는)에 48시간 동안 둔다.

⑥ 48시간 뒤, 각 flask에서 10개의 뿌리 정단부를 흡수지에 모아 수분을 제거한 뒤, 알루미늄 호일에 싸서 최종 생체량을 측정한다.

⑦ 각 처리별, 각 뿌리 절단 정단부 별로 최종 생체량(평균)과 무게 증가(평균)(mg 단위)를 측정하고 〈양식 29-1〉와 〈양식 29-2〉를 작성한다.

## 4. 생각해보기

① 각 식물호르몬은 완두 뿌리 생장에 어떤 형태의 영향을 미치는지 그래프로 분석해보시오.

② 뿌리 정단부의 절단조직 내에는 이미 정상적인 생장을 위한 충분한 양의 여러 식물호르몬이 들어있음을 본 실험의 결과는 보여 주는지 생각해보시오.

③ 뿌리 조직의 어느 부분에서 특히 cytokinin과 gibberellin이 생성되는지 알아보시오.

## 5. 실험 준비 일정

| 시간 | 준비 사항 | 기타 |
|---|---|---|
| 3일 전 | 완두 파종 | 온실에서 배양 |
| 실험일 | 실험에 사용될 용액 제조<br>뿌리 절편 처리 | |
| 48시간 후 | 길이와 무게 측정 | |

# 결과 보고서

| 실험 29 식물 호르몬이 뿌리 절편의 신장에 미치는 효과 | | | | | |
|---|---|---|---|---|---|
| 조 | 학번 | 이름 | 실험일자 | 점수 | 기타 |
| | | | | | |

〈양식 29-1〉

| 생장 조절물질 | | 뿌리 수 | 최초 총 생체량 (mg) | 최초 생체량/뿌리 (평균치) | 최초생체량/뿌리 (평균치) | 생체량 증가/뿌리 (평균치) |
|---|---|---|---|---|---|---|
| IAA (M) | $10^{-5}$ | | mg | mg/root | mg/root | mg/root |
| | $10^{-6}$ | | | | mg/root | mg/root |
| | $10^{-7}$ | | | | mg/root | mg/root |
| | $10^{-8}$ | | | | mg/root | mg/root |
| | $10^{-9}$ | | | | mg/root | mg/root |
| | 0 | | | | mg/root | mg/root |
| $GA_3$ (M) | $10^{-5}$ | | mg | mg/root | mg/root | mg/root |
| | $10^{-6}$ | | | | mg/root | mg/root |
| | $10^{-7}$ | | | | mg/root | mg/root |
| | $10^{-8}$ | | | | mg/root | mg/root |
| | $10^{-9}$ | | | | mg/root | mg/root |
| | 0 | | | | mg/root | mg/root |
| Kin (M) | $10^{-5}$ | | mg | mg/root | mg/root | mg/root |
| | $10^{-6}$ | | | | mg/root | mg/root |
| | $10^{-7}$ | | | | mg/root | mg/root |
| | $10^{-8}$ | | | | mg/root | mg/root |
| | $10^{-9}$ | | | | mg/root | mg/root |
| | 0 | | | | mg/root | mg/root |

〈양식 29-2〉

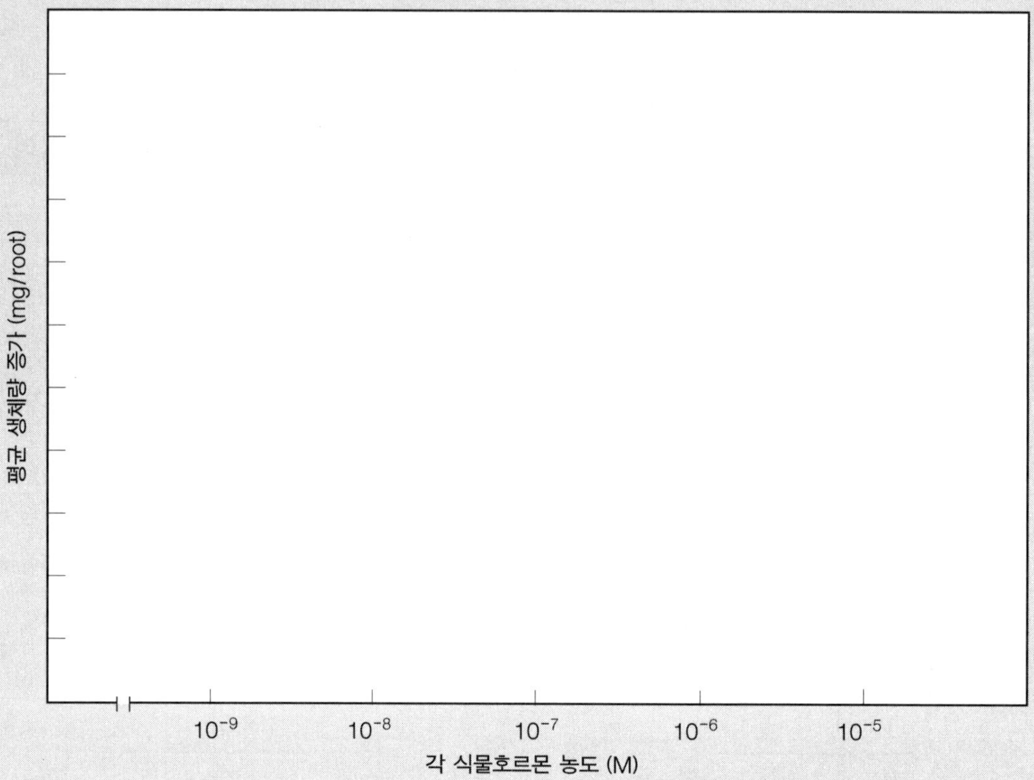

# 실험 30

# Auxin과 Cytokinin - 정단우성의 효과

## 1. 서론

정단우성(apical dominance)이란 줄기의 정단부가 생장하는 동안 곁눈들의 생장이 억제되는 현상을 말한다. 완두나 해바라기 같은 식물에서는 정단우성현상이 매우 뚜렷하여 줄기가 외가닥으로 생장하게 되는 반면에 토마토나 감자 등은 정단우성현상이 약하여 수많은 가지가 생장하는 식물이다. 목본의 경우에는 초본에 비하여 매우 복잡한 양상의 정단우성현상이 나타난다. 다년생 목본은 계절적으로 휴면기를 거쳐야 하기 때문에 휴면상태의 끝눈은 곁눈의 생장에 대한 억제 작용을 하지 못하고, 이로 인해 이른 봄에 많은 가지들이 발생하게 된다.

줄기 정단부에서 생성된 auxin은 곁눈이 생장하는 것을 억제하며 이러한 auxin의 효과는 cytokinin에 의해 상쇄되기도 한다. 줄기 정단부를 제거하여 내부 auxin의 공급을 중단하면 곁눈 생장이 시작되고, 잘려진 정단부에 auxin을 다시 처리하면 정단우성현상이 지속된다. 만일 생장이 억제된 곁눈에 cytokinin을 직접 발라주면 곁눈은 정단우성으로부터 벗어나 생장되나 신장의 폭은 정단부를 제거한 줄기의 곁눈이 신장하는 것에 비해 크지 않다. 그러나 이러한 곁눈에 auxin을 가해 주면 신장이 크게 증가된다.

본 실험에서는 강력한 정단우성현상을 보여주는 완두에 IAA와 kinetin을 처리하여 곁눈 생장에 대한 식물호르몬의 조절효과를 확인한다.

## 2. 실험재료 및 기구

- 완두 12개체 (화분 당 키가 같은 2~3개체씩, 온실에서 1주일생)
- 식물 영양액 (실험 4 참조)
- 식물 배양실 (가능한 경우)
- lanolin
- 200 $\mu$L micropipette
- 100 mg/100 g IAA를 함유한 lanolin 5 g[a)]
- 50% 에탄올 + 8% carbowax-1500 용액 5 mL[b)]
- 300 mg/L kinetin 용액 5 mL (50% 에탄올 + 8% carbowax-1500 용액 포함)[c)]
- 자(mm 단위)
- 저울
- 50% 에탄올 5 mL

### 실험 준비

a) IAA 100 mg을 95% 에탄올 1~2 mL에 용해시키고, Petri dish 안에서 무수 라놀린 (anhydrous lanolin) 100 g에 이를 완전히 섞는다. 열판 위에서 혼합한다.

b) 8 g의 carbowax-1500을 50% 에탄올에 녹인 후, 50% 에탄올로 100 mL를 채운다.

c) 〔50% 에탄올 + 8% carbowax-1500 용액 50 mL〕에 16.5 mg의 kinetin을 용해시킨다. 이 혼합액을 10분간 끓는 물에 중탕하면 kinetin이 잘 용해된다.

## 3. 실험 방법

① 각 실험조마다 키가 같은 완두 12개체(가능하면 화분 당 2개체씩 6개 화분)를 준비한다. 실험 전까지는 물을 주어 배양하지만 실험 시작 후부터는 식물 영양액을 주어 기른다.

② 완두의 줄기 정단부를 확인한다. 줄기 정단부는 제일 높은 위치에 있지 않고 한 쌍의 비늘잎이 접혀져 있는 사이에 끼어 있으므로 조심스럽게 식물을 다루어야 한다. 본 실험에서는 줄기의 정단과 둘째마디의 곁눈에 대한 처리를 하기 때문에

실험 전에 이들의 위치를 확인하여야 한다. 이 두 눈을 제외한 나머지 눈을 해부 바늘로 모두 제거해야 이상적이나 그냥 두어도 지장은 없다.

③ 다음과 같이 6개의 처리군으로 나눈다. Ⅰ-a, b, Ⅱ-a, b, Ⅲ-a, b, Ⅳ-a, b, Ⅴ-a, b, Ⅵ-a, b로 식물에 번호를 붙인다.

④ 준비된 kinetin 용액 6 μL를 처리군 Ⅰ 개체들의 둘째마디 곁눈의 끝에 정확히 가한다(이때, kinetin 용액이 곁눈의 밑 부분이나 다른 부위에 묻지 않도록 조심한다).

⑤ 처리군 Ⅱ 개체들의 곁눈의 끝에는 50% 에탄올 + 8% carbowax-1500 용액 6 μL를 정확히 가해 준다.

⑥ 처리군 III 개체들의 셋째마디 바로 윗부분을 새 면도칼로 자른 후, 즉시 순수 라놀린을 절단면에 발라 준다. 그리고 둘째마디의 곁눈 끝부분에 kinetin 6 μL를 가한다.

⑦ 처리군 IV 개체들의 셋째마디 바로 윗부분을 절단한 직후, 순수 라놀린을 절단면에 바르고 둘째마디 곁눈의 끝에 50% 에탄올 +8% carbowax-1500 용액 6 μL를 가한다.

⑧ 처리군 V 개체들의 셋째마디 바로 윗부분을 잘라버리고, 곧 IAA가 함유된 라놀린을 절단부에 바른다. 둘째마디 곁눈의 끝부분에 kinetin용액 6 μL를 바른다.

⑨ 처리군 VI 개체들의 줄기 정단부도 위와 같이 절단하고, 즉시 IAA가 함유된 라놀린을 정단부에 바른다. 둘째마디 곁눈의 끝에 50% 에탄올 +8% carbowax-1500 용액 6 μL를 조심스럽게 가한다.

⑩ 처리 후 7일이 지났을 때, 모든 식물의 둘째마디에서 발생한 곁눈 또는 가지의 길이를 정밀히 잰다. 모든 실험조들의 식물을 한곳에 모아 각 처리군의 결과를 통합하고 각 처리군 별로 둘째마디 곁눈 또는 가지를 식물 줄기로부터 정확히 떼어내어 모아서 처리군 별로 생체량을 정밀히 측정하여 기록한다 〈양식 30-1〉.

## 4. 생각해보기

① Kinetin 용액에 에탄올과 carbowax를 넣은 이유를 생각해보시오.

② 처리군 III에서 kinetin를 곁눈에 가하지 않고, 줄기 정단부의 절단면에 가하였다면 어떤 결과가 나타날지 생각해보시오.

## 5. 실험 준비 일정

| 시간 | 준비 사항 | 기타 |
|---|---|---|
| 7일 전 | 완두 파종 | 온실에서 배양 |
| 실험일 | 실험에 사용될 용액 제조 | |
| 7일 후 | 길이 측정 | |

# 결과 보고서

| 실험 30 Auxin과 Cytokinin – 정단우성의 효과 | | | | | |
|---|---|---|---|---|---|
| 조 | 학번 | 이름 | 실험일자 | 점수 | 기타 |
| | | | | | |

〈양식 30-1〉

| | 처리내용 | | 처리 개체수 | 곁눈 신장 개체수 | 곁눈 평균 길이 (mm) | 곁눈 평균 생체량 (mg) |
|---|---|---|---|---|---|---|
| | 정단부 | 곁눈 | | | | |
| Ⅰ | – | kinetin | | | | |
| Ⅱ | – | – | | | | |
| Ⅲ | 제거 | kinetin | | | | |
| Ⅳ | 제거 | – | | | | |
| Ⅴ | 제거 + IAA | kinetin | | | | |
| Ⅵ | 제거 + IAA | – | | | | |

# 실험 31

## Gibberellin – amylase 생성유도 ( Ⅰ )

### 1. 서론

종자가 발아하면 배(embryo)의 어린뿌리와 줄기 부분이 생장을 시작하는데 이때에 배유나 자엽에 저장되어 있던 전분, 지질 또는 단백질 성분의 저장형 영양분이 분해되어 생장 중인 배로 흡수된다. 이러한 저장영양분의 가수분해효소에는 amylase, lipase, protease와 ribonuclease 등의 효소들이 있는데 어떤 효소들은 이미 종자 내에 있어서 종자의 침윤 시 활성을 나타내는 것도 있다. 한편 보리종자 내 α-amylase와 같이 종자에 전혀 존재하지 않았으나 발아 초기에 새롭게 (*de novo*) 생합성 되는 경우도 있다. 즉, 보리종자 내에서 β-amylase는 비활성형태로 배유조직세포에 존재하고 있다가 침윤 시에 활성화되나 α-amylase는 발아 시에 새롭게 생합성된다.

종자의 침윤 시 보리종자의 배가 생성하는 gibberellin은 배유를 둘러싸고 있는 호분층 (aleurone layer) 세포에 작용하여 α-amylase를 분비한다〈그림 31-1〉. 이러한 α-amylase의 생성 유도 과정은 단백질 합성 억제물질이나 RNA생성 억제물질 등에 의하여 억제되기 때문에, GA는 아마도 호분층 세포 내 α-amylase 생성에 대한 유전자를 활성화시킴으로써 α-amylase 합성을 담당하는 mRNA 생성을 자극하는 것이라고 추측한다. 배를 제거한 보리종자의 호분층에서는 α-amylase 등의 가수분해효소가 분비되지 않는데 이때 $GA_3$를 가하면 α-amylase를 합성하는 mRNA 양이 급증한다 〈그림 31-2〉.

본 실험에서는 보리종자 반쪽(배가 포함된 것과 그렇지 않은 쪽)을 starch-agar 배지에 놓고 종자로부터 생성되어 한천에서 확산되는 amylase 활성을 요오드반응으로 확인한다. 한천배지에 $GA_3$ 또는 cycloheximide를 첨가하여 이들의 작용도 관찰한다.

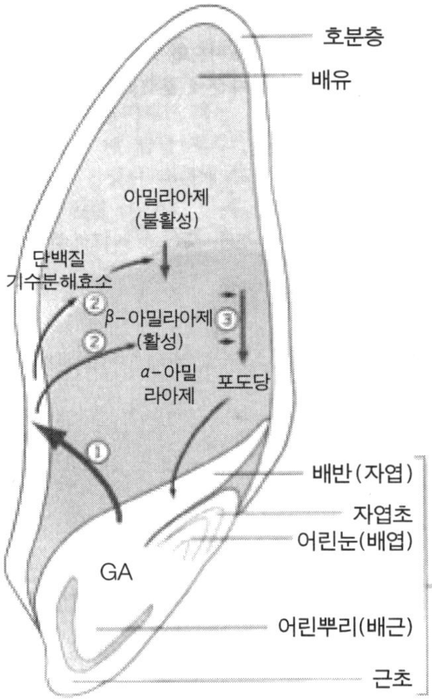


〈그림 31-1〉 보리 종자가 발아하는 동안 gibberellin에 의해 전분이 분해되는 과정의 모식도

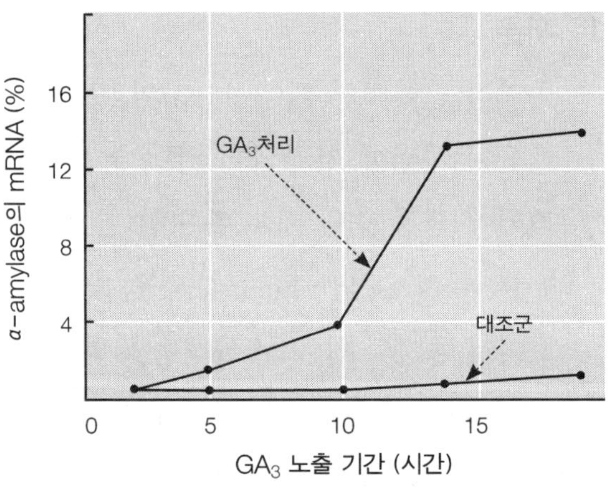


〈그림 31-2〉 Gibberellin이 호분층 세포에서 σ-amylase의 mRNA에 미치는 영향

## 2. 실험 재료 및 기구

- 보리 종자 100개
- 70% 에탄올 100 mL

- 멸균 증류수 150 mL
- 직경 약 10 cm의 멸균된 Petri dish 16개
- 100~250 mL beaker
- micropipette
- 가압증기멸균기 (autoclave)
- 0.3 mg/mL chloramphenicol 15 mL
- 0.15 mg/mL cycloheximide 용액 5 mL (또는 1.5 mg/mL actinomycin 용액)
- 1.0 μM $GA_3$ 용액 10 mL[a)]
- $I_2KI$ 용액[b)]
- 20 mL 이상 용량 시험관 14개[c)]
- 5% NaOCl 용액 (표면 살균용)
- 핀셋 2개
- 거즈
- 해부용 칼
- 솜(시험관 마개용)
- 알코올 램프 또는 분젠 버너
- Clean bench
- Bacto-agar
- Potato starch

### 실험 준비

a) $GA_3$를 95% 에탄올 1 mL에 용해시킨 후, 이를 증류수에 조금씩 섞어 만든다.

b) 1.0 g $I_2$와 2 g KI를 물에 용해하여 1.0 L를 만든다.

c) 20 mL 이상 용량 시험관 14개(실험조 당)에 각각 13 mL 씩의 agar 용액을 넣어 솜마개를 한 후, 고압 멸균시킨다. starch-agar 용액에는 1% bacto-agar와 2% soluble potato starch가 함유되어 있다.

## 3. 실험 방법

① 본 실험은 clean bench를 이용하여 무균상태에서 실시하며 실험대와 그 주변, 그리고 실험자의 손 등을 70% ethanol로 소독한다.

② 모든 준비물은 멸균을 한다. 각 실험조별로 starch-agar 용액 13 mL 씩이 담긴 14개의 시험관 (솜마개 후 고압 멸균된)을 배당받는다. 이 starch-agar 용액에는 1% bacto-agar와 2% soluble potato starch가 들어있다. 1-a, 1-b, 2-1, 2-b, …… 7-a, 7-b로 각 Petri dish(멸균된) 14개의 번호를 붙인다.

③ 이 후의 모든 조작은 알코올 램프의 불꽃 위에서 (가능하면 clean bench 내에서) 무균 조작법에 의하여야 한다. 멸균된 1 mL 용량 pipette을 사용하여 0.3 mg/mL chloramphenicol 1.0 mL 씩을 14개 Petri dish에 넣는다.

④ Petri dish에 〈표 31-1〉과 같이 내용물을 넣는다. 내용물을 모두 넣은 후 Petri dish (뚜껑을 닫고)를 회전시켜 혼합한다. Petri dish를 실험대 위에 놓아 starch-agar가 굳게 한다.

〈표 31-1〉

| 번호 | 내용물 |
|---|---|
| 1-a, b, 2-a, b | 멸균 증류수(1.0 mL) |
| 3-a, b | 멸균 증류수(1.0 mL) + 1.0 μM $GA_3$ (10 μL) |
| 4-a, b | 멸균 증류수(1.0 mL) + 1.0 μM $GA_3$ (100 μL) |
| 5-a, b | 0.15 mg/mL Cycloheximide (1.0 mL) + 1.0 μM $GA_3$ (100 μL) |
| 6-a, b | 1.0 μM $GA_3$ (1.0 mL) |
| 7-a, b | 0.15 mg/mL Cycloheximide (1.0 mL) + 1.0 μM $GA_3$ (1.0 mL) |

⑤ 준비된 보리종자 100개를 beaker에 담고 5% NaOCl(또는 시판되는 표백살균제 원액) 20 mL를 부어 덮개를 덮은 후, 10~20분간 가끔 흔들면서 종자의 표면을 살균한다. beaker를 거즈로 덮은 뒤 표면 살균제를 따라 버린다. 멸균 증류수로 10회(매회 약 10 mL 증류수 사용) 세척한다. 세척 후 냄새를 맡아 표면 살균제의 독특한 냄새가 남아 있으면 세척을 계속한다.

⑥ 멸균된 Petri dish 2개에 각각 30개씩의 표면 살균 처리한 보리종자를 넣고 10 mL 멸균 증류수를 부어 뚜껑을 덮는다. 해부칼을 95% ethanol에 담가 불꽃 위에서 소독한 후 Petri dish의 뚜껑을 반쯤 열고, 종자의 긴 축에 직각되는 면을 횡단 절단하여 배(embryo)가 있는 반쪽과 없는 반쪽을 분류하며 둔다.

⑦ 소독된 핀셋을 사용하여 배가 있는 반쪽 종자 6개씩을 1-a, 1-b Petri dish의 starch-ager 위에 〈그림 31-3〉과 같이 올려놓는다. 이때, 종자의 절단면이 starch-agar 면에 밀착되도록 한다. Petri dish의 뚜껑을 덮는다.

⑧ 위와 같은 방법으로, 배가 없는 반쪽 종자 6개를 2-a, 2-b에 배치한다. 이후, 나머

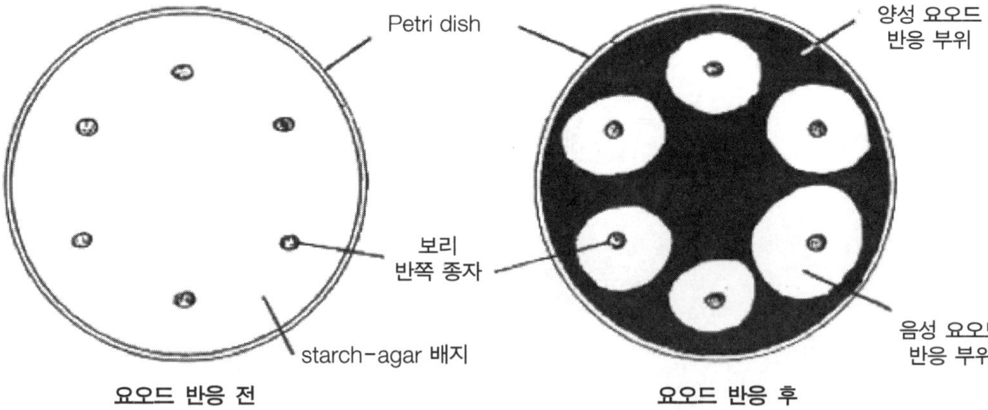


〈그림 31-3〉 Starch-agar 배지 위의 보리 반쪽종자의 배치

지 모든 Petri dish에 6개씩의 배가 없는 반쪽 종자를 배치한다.

⑨ 모든 Petri dish를 실온 또는 항온실 (20~30℃)에서 5일간 둔다(5일 후에 실험이 불가능하면 5일후부터 실험시간까지 냉장 보관한다).

⑩ 5일간의 배양이 끝난 후, Petri dish의 뚜껑을 열고 $I_2KI$ 용액을 starch-agar 배지 위에 분무 살포하거나 배지 위에 붓고 2~3분 후 따라 버린다. 요오드 반응 부위를 관찰하되 반쪽 종자 주변부가 달무리처럼 요오드 반응이 음성으로 되어 있는지를 정밀히 조사한다. 이 부분(반쪽 종자를 중심으로 한 원형)의 직경을 측정하여 〈양식 31-1〉에 기록한다.

## 4. 생각해보기

① 각 처리군 별로 결과를 분석해보시오.

② 본 실험에서 cycloheximide의 작용에 대하여 생각해보시오.

③ Petri dish에 첨가한 chloramphenicol의 역할에 대하여 생각해보시오. Chloramphenicol과 cycloheximide의 작용을 비교하여 설명해보시오.

## 5. 실험 준비 일정

| 시간 | 준비 사항 | 기타 |
|---|---|---|
| 실험일 | 실험에 사용될 용액 제조 | |
| 5일 후 | 관찰 및 기록 | |

## 결과 보고서

| 실험 31 Gibberellin – amylase 생성유도 ( I ) | | | | | |
|---|---|---|---|---|---|
| 조 | 학번 | 이름 | 실험일자 | 점수 | 기타 |
| | | | | | |

〈양식 31-1〉

| 번호 | 처리내용 | | 음성 요오드 반응 부위 직경(mm) | 평균 직경(mm) |
|---|---|---|---|---|
| | 배 | 첨가물 | | |
| 1 | – | $H_2O$ | | |
| 2 | – | $H_2O$ | | |
| 3 | – | $GA_3$(10 μL) | | |
| 4 | – | $GA_3$(100 μL) | | |
| 5 | – | $GA_3$(10 μL) + CXM* | | |
| 6 | – | $GA_3$(1mL) | | |
| 7 | – | $GA_3$(1mL) + CXM* | | |

* CXM : Cycloheximide

실험 32

# Gibberellin - amylase 생성유도 (Ⅱ)

## 1. 서론

배 (embryo)가 포함되어 있지 않은 보리 반쪽 종자를 여러 농도의 gibberellic acid ($GA_3$)로 처리하여 호분층 세포에서 생성 유도되는 α-amylase의 활성을 colorimetric 법으로 측정한다.

## 2. 실험재료 및 기구

- 보리종자 50개
- 핀셋
- 직경 10 cm 멸균된 Petri dish (여과지 3장을 깔고 증류수 25 mL를 부어 멸균한)
- 1% NaOCl 200 mL
- 멸균 증류수 200 mL
- 95% ethanol
- Clean bench
- 100~250 mL beaker
- 멸균기
- 해부칼 (칼날을 새로 끼운)
- 10 mL 시험관 14개
- 0.2 M $CaCl_2$ 용액 (멸균된) 2 mL
- 1.0 mL pipette 8개
- 알코올 램프 또는 분젠 버너
- 2.0 mL pipette 1개
- 50 μL micropipette
- 50 mL Erlenmeyer flask (멸균된) 7개

- 원심분리기와 15 mL 원심분리 tube 7개
- Spectrophotometer
- 멸균된 1 mM sodium acetate buffer[a) (pH 4.8) 20 mL
- 0.5 μg/mL $GA_3$ 용액[b)] 2 mL
- 5 μg/mL $GA_3$ 용액[b)] 2 mL
- 0.05 mg/mL $GA_3$ 용액[b)] 2 mL
- 0.5 mg/mL $GA_3$ 용액[b)] 2 mL
- 5 mg/mL $GA_3$ 용액[b)] 2 mL
- 0.2 mg/mL chloramphenicol[b)] 2 mL
- 0.2 mg/mL cycloheximide[b)] 2 mL
- Starch reagent[c)] 20 mL
- Iodine reagent[d)] 20 mL

## 실험 준비

a) 2 mM sodium acetate 용액 100 mL에 1.0 M acetic acid를 pH 4.8이 되도록 넣는다. 이 용액에 증류수를 첨가하여 최종 용량이 200 mL가 되도록 한다. 이를 500 mL 용량 Erlenmeyer flask에 넣어 고압 멸균한다.

b) $GA_3$, chloramphenicol 및 cycloheximide 용액은 멸균된 증류수를 사용하여 만든다. $GA_3$ 용액의 제조는 실험 28을 참조한다.

c) Native potato starch 300 mg, $KH_2PO_4$ 1.2 g, $CaCl_2$ 5.88 mg를 증류수에 용해하여 최종용량 2 mL를 만든 후, 1분간 끓여 식히고 2000×g, 10분간 원심분리하여 불용성 starch를 제거하고 사용 시까지 냉장 보관한다.

d) KI 6 g과 $I_2$ 600 mg를 증류수에 녹여서 100 mL를 만든다. 이 용액 1.0 mL를 0.0 5N HCl 99 mL에 가하여 산성 iodine reagent를 만든다.

## 3. 실험 방법

### 1) α-amylase 생성 유도 방법

① 각 실험조는 배가 포함되지 않은 보리 반쪽 종자 70개를 준비하여 약 1% NaOCl 용액에 넣어 20분간 표면 소독하고 여러 번 멸균 증류수로 세척한다. 여과지 3장을 깔고 25 mL의 증류수를 부어 고압 멸균시킨 Petri dish 안에 준비된 반쪽 종자 70개를 넣어 2~3일간 실온에서 침윤시킨다.

② clean bench에서 솜마개를 하여 멸균한 50 ml 용량 Erlenmeyer flask 7개를 준비

하고, 각 flask에 멸균된 1 mM sodium acetate buffer (pH 4.8) 1.7 mL, 멸균된 0.2 M $CaCl_2$ 0.1 mL와 0.2 mg/mL chloramphenicol 용액 0.1 mL를 넣는다.

③ 각 flask (1~7번)에 〈표 32-1〉과 같이 첨가물을 첨가한다.

〈표 32-1〉

| Flask 번호 | 첨가물 |
|---|---|
| 1 | 5 mg/mL $GA_3$ (0.1 mL) |
| 2 | 0.5 mg/mL $GA_3$ (0.1 mL) |
| 3 | 0.05 mg/mL $GA_3$ (0.1 mL) |
| 4 | 5 μg/mL $GA_3$ (0.1 mL) |
| 5 | 0.5 μg/ml $GA_3$ (0.1 mL) |
| 6 | 증류수 (0.1 mL) |
| 7 | 0.5 mg/mL $GA_3$ (0.1 mL) + 0.2 mg/mL cycloheximide (0.1 mL) |

④ 무균상태를 유지하며 flask에 10개씩의 반쪽 종자를 넣고 솜마개로 막고 실온에서 2일간 배양하여 호분층에서 생성된 α-amylase가 buffer 배양액으로 분비되도록 한다.

⑤ 배양 후 배양액과 반쪽 종자를 증류수 3.0 mL로 씻은 용액을 합쳐서 10분간 2,000×$g$로 원심분리한다. 원심분리가 끝나면 α-amylase가 함유된 상층액을 소형의 시험관으로 옮겨 amylase를 분석하기 위한 효소용액으로 사용한다.

### 2) α-amylase 분석 방법

① 우선 가수분해되기 전의 전분의 양을 측정하기 위하여 starch reagent 1 mL, iodine reagent 1 mL, 그리고 5 mL의 증류수를 혼합하여 620 nm에서 흡광도를 측정한다. Blank로서 iodine reagent 1 mL과 증류수 6 mL의 혼합액을 사용한다. OD값이 약 0.85가 되도록 증류수를 첨가하여 조절한다.

② $GA_3$가 가장 많이 첨가되어 전분의 가수분해가 가장 많이 일어난 1번 flask의 종자에서 분비된 효소 용액 25 uL를 starch reagent 1 mL에 가하여 잘 섞고 5분간 실온에 둔다. 5분간의 반응 후 iodine reagent 1 mL를 가하여 반응을 정지시키고 ①의 과정에서 정한 양의 증류수를 첨가한다. 620 nm에서 OD값이 0.2가 되도록 효소 용액의 첨가량과 반응 시간을 적절하게 조절한다. 따라서 다른 flask의 경우 OD값은 0.85~0.2 사이가 될 것이다.

③ 각 처리군 별로 ②의 과정에서 정해진 첨가 효소 용액의 양과 정해진 반응시간 동안 반응을 진행시켜 OD값을 측정하여 amylase에 의하여 가수분해된 전분의 양을 추정한다.

④ 효소 용액 없이 측정한 OD값(0.85)에서 각 처리군의 효소 용액이 첨가된 반응 용액의 OD값을 뺀다.

⑤ 각 flask의 값을 결과지의 〈양식 32-1〉에 따라 작성하고 〈양식 32-2〉에 그래프를 그려 분석한다.

## 4. 생각해보기

① 반쪽 종자의 배양액 내의 amylase의 함량에 $GA_3$는 어떤 영향을 미쳤는지 생각해보시오.

② cycloheximide는 어떤 역할을 하였는지 생각해보시오.

③ $CaCl_2$를 사용한 이유에 대하여 생각해보시오.

④ iodine reagent의 2가지 역할에 대하여 설명해보시오.

## 5. 실험 준비 일정

| 시간 | 준비 사항 | 기타 |
| --- | --- | --- |
| 실험일 | 실험에 사용될 용액 제조 및 실험실시 | |

# 결과 보고서

| 실험 32 Gibberellin – amylase 생성유도 (II) | | | | | |
|---|---|---|---|---|---|
| 조 | 학번 | 이름 | 실험일자 | 점수 | 기타 |
| | | | | | |

〈양식 32-1〉

| Flask 번호 | 처리내용 | $OD_{620}$ (-효소) | $OD_{620}$ (+효소) | Δ Absorbance |
|---|---|---|---|---|
| 1 | $2.5 \times 10^{-1}$ mg/mL $GA_3$ | | | |
| 2 | $2.5 \times 10^{-2}$ mg/mL $GA_3$ | | | |
| 3 | $2.5 \times 10^{-3}$ mg/mL $GA_3$ | | | |
| 4 | $2.5 \times 10^{-4}$ mg/mL $GA_3$ | | | |
| 5 | $2.5 \times 10^{-5}$ mg/mL $GA_3$ | | | |
| 6 | $H_2O$ Control | | | |
| 7 | $2.5 \times 10^{-1}$ mg/mL $GA_3$ + cycloheximide | | | |

〈양식 32-2〉

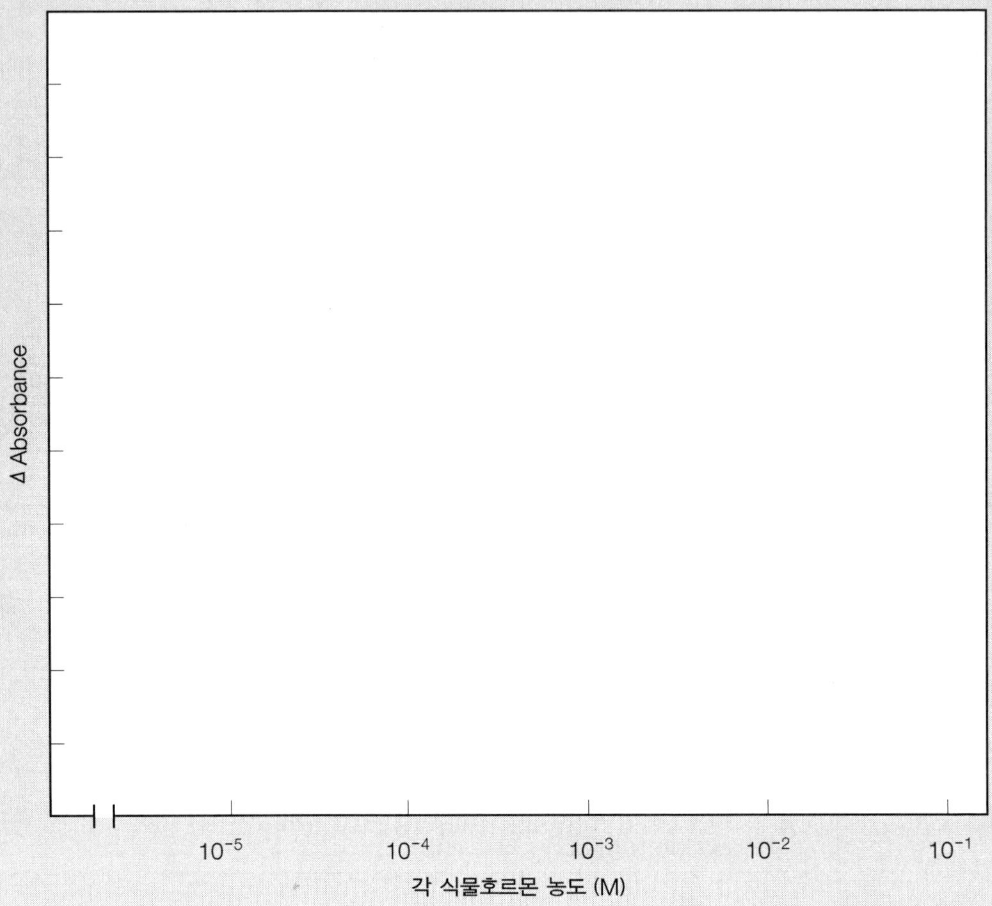

실험 33

# 식물호르몬이 엽록소 생성에 미치는 영향

## 1. 서론

종자가 발아하여 어둠 속에서 생장하면 자엽이나 잎 조직 내에서 엽록소(chlorophyll)의 생성이나 엽록체(chloroplast)의 분화가 일어나지 않기 때문에 황백화된 식물로 자란다. 이러한 식물의 잎 조직 세포에는 격자 모양의 독특한 막구조인 prolamellar body와 카로틴계 색소를 포함하고 있는 etioplast가 있다. 식물이 빛에 노출되면 이 etioplast는 엽록체로 계속 분화된다.

황백화된 잎이나 자엽을 빛에 노출되기 수 시간 전에 cytokinin으로 처리하면 grana 형성이 촉진될 뿐만 아니라 chlorophyll 생성률도 크게 증가된다. 이러한 현상은, chlorophyll 분자와 결합하는 1~2종의 단백질 합성과 이들의 안정화에 대한 cytokinin의 촉진효과에 기인하는 것으로 추측된다.

본 실험에서는 cytokinin을 비롯한 식물생장조절물질을 암소에서 자란 오이 어린 식물의 자엽에 처리하여, 빛에 노출된 자엽 내의 chlorophyll 생성이 어떻게 영향을 받는지 조사한다.

## 2. 실험재료 및 기구

- 오이 어린식물(암소에서 자란 6일생)
- 암실
- Acetone 약 15 mL
- 15 mL 시험관과 마개
- 면도날
- mortar와 pestle
- 직경 5 cm Petri dish
- 10 mL 용량 graduated cylinder
- 조도 200 ft-c 이상의 광원(형광등)
- Spectrophotometer
- 임상용 원심분리기 (또는 Buchner 여과장치 set)
- 0.001 μg/mL cytokinin[a] (kinetin, zeatin 또는 benzyladenine 중 한 종류)
- 0.01 μg/mL cytokinin[a]
- 0.1 μg/mL indole-3-acetic acid (IAA)[a]
- 0.1 μg/mL cytokinin[a]
- 1.0 μg/mL IAA[a]
- 1.0 μg/mL cytokinin[a]
- 10.0 μg/mL IAA[a]
- 10.0 μg/mL cytokinin[a]
- 0.1 μg/mL gibberellic acid[a] ($GA_3$)
- 1.0 μg/mL ($GA_3$)
- 10.0 μg/mL ($GA_3$)

### 실험 준비

a) 모든 식물생장조절물질은 2 mM phosphate buffer (pH 5.8)에 녹여 만든다. 즉, 각 물질의 최고 농도 (10 μg/mL) 용액 제조에 해당되는 양을 95% ethanol 1 mL에 녹인 후, 이 용액을 정해진 부피의 2 mM phosphate buffer에 조금씩 섞어 만든다. 이렇게 만든 농도 10 μg/mL의 용액을 phosphate buffer로 희석하여 낮은 농도의 용액을 만든다. Phosphate buffer는 2 mM $NaH_2PO_4$ 92 mL에 2 mM $Na_2HPO_4 \cdot 7H_2O$ 약 8 mL를 서서히 혼합하여 pH 5.8에 맞추어 제조한다.

## 3. 실험 방법

① 암소 (23-28℃)에서 키운 6-7일생의 오이 (*Cucumis sativus L.*) 어린식물을 암실에 준비하고 약한 녹색 광선 하에서 한 쌍의 자엽이 서로 떨어지지 않도록 하면서 〈그림 33-1〉처럼 절단한다. 이때에 자엽 쌍에 하배축 부분이 붙어 있지 않도록 자른다. Petri dish에 〈표 33-1〉과 같이 각 농도의 식물생장조절물질 3 mL씩을 가하고 Petri dish 당 7쌍의 자엽을 넣는다.

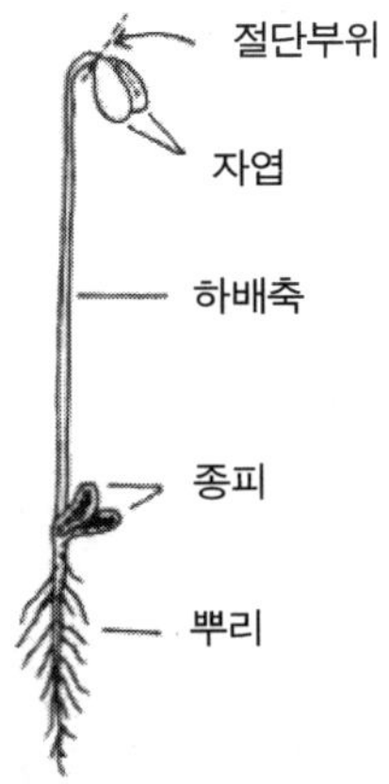


〈그림 33-1〉 암소에서 자란 6일생 오이 어린식물

〈표 33-1〉

| 번호 | 식물 생장 조절물질 | 번호 | 식물 생장 조절물질 |
|---|---|---|---|
| 1 | 0.001 μg/mL Cytokinin | 1 | 1,0 μg/mL IAA |
| 2 | 0.01 μg/mL Cytokinin | 2 | 10.0 μg/mL IAA |
| 3 | 0.1 μg/mL Cytokinin | 3 | 0.1 μg/mL $GA_3$ |
| 4 | 1.0 μg/mL Cytokinin | 4 | 1.0 μg/mL $GA_3$ |
| 5 | 10.0 μg/mL Cytokinin | 5 | 10.0 μg/mL $GA_3$ |
| 6 | 0.01 μg/mL IAA | 6 | Buffer Control |

② 암실에서 14시간 (또는 5~6시간) 동안 둔 다음, Petri dish를 200~1000 ft-c의 형광등하에 3시간 동안 빛을 쪼인다. 광선 하에서 chlorophyllide *a*는 chlorophyll *a*로 전환하며 chlorophyll *a*로부터 곧 chlorophyll *b*도 생성된다. 3시간 후, 7쌍의 자엽을 꺼내어 2~3 mL acetone 속에서 mortar와 pestle로 곱게 간다. Acetone 2 mL를 추가하면서 chlorophyll이 충분히 추출되도록 계속 마쇄한다.

③ 원심분리 tube에 ②에서 얻은 homogenate를 넣고 2000×*g*로 3분 이상 원심분리한다. 준비된 graduated cylinder에 녹색의 상층액을 부어 넣고 acetone으로 10 mL

를 채운다. 이를 시험관에 옮기고 마개로 밀봉한다[주의: 이 액체는 빛에 노출시키지 말고 암소에 보관하여야 함. 만일 오랫동안 저장한다면 은박지로 싸서 냉동한다].

④ Acetone을 blank로 하여 652nm에서 흡광도를 측정한다. 652 nm에서 chlorophyll *a*와 *b*의 총량 측정 시 36 mL/cm·mg의 absorptivity를 적용한다. 즉, spectrophotometer의 시료 cuvet의 직경이 1 cm 일 경우, 652 nm의 absorbance (OD) 값에 0.027777를 곱하면 총 chlorophyll의 농도 (mg/mL)를 얻을 수 있고, 시료의 총 부피를 곱하면 총 chlorophyll량 (mg)이 산출된다. Petri dish (1~12번)의 모든 data를 모아 각 식물생장조절물질의 농도별 효과를 〈양식 33-1〉과 〈양식 33-2〉에 기록한다.

## 4. 생각해보기

① 실험 결과를 바탕으로 자엽 내 엽록소 생성에 미치는 생장조절물질들의 영향을 생각해보시오.

② 본 실험을 이용하여 식물호르몬의 정량 분석하기 위한 bioassay로 이용할 수 있는 가능성에 대하여 생각해보시오.

## 5. 실험 준비 일정

| 시간 | 준비 사항 | 기타 |
|---|---|---|
| 7일 전 | 오이 파종 | 암소(23~28℃)에서 배양 |
| 실험일 | 실험에 사용될 용액 제조 | |

# 결과 보고서

| 실험 33 식물호르몬이 엽록소 생성에 미치는 영향 | | | | | |
|---|---|---|---|---|---|
| 조 | 학번 | 이름 | 실험일자 | 점수 | 기타 |
| | | | | | |

〈양식 33-1〉

| 생장조절 물질 (단위 : μg/mL) | Chl. 량/ 자엽7쌍 (단위 : mg) | Chl. 량/ 자엽1쌍 (단위 : mg) | 생장조절 물질 (단위 : μg/mL) | Chl. 량/ 자엽7쌍 (단위 : mg) | Chl. 량/ 자엽1쌍 (단위 : mg) |
|---|---|---|---|---|---|
| Cyt : $10^{-3}$ | | | IAA : 1 | | |
| Cyt : $10^{-2}$ | | | IAA : 10 | | |
| Cyt : $10^{-1}$ | | | $GA_3$ : $10^{-1}$ | | |
| Cyt : 1 | | | $GA_3$ : 1 | | |
| Cyt : 10 | | | $GA_3$ : 10 | | |
| IAA : $10^{-1}$ | | | Control | | |

〈양식 33-2〉

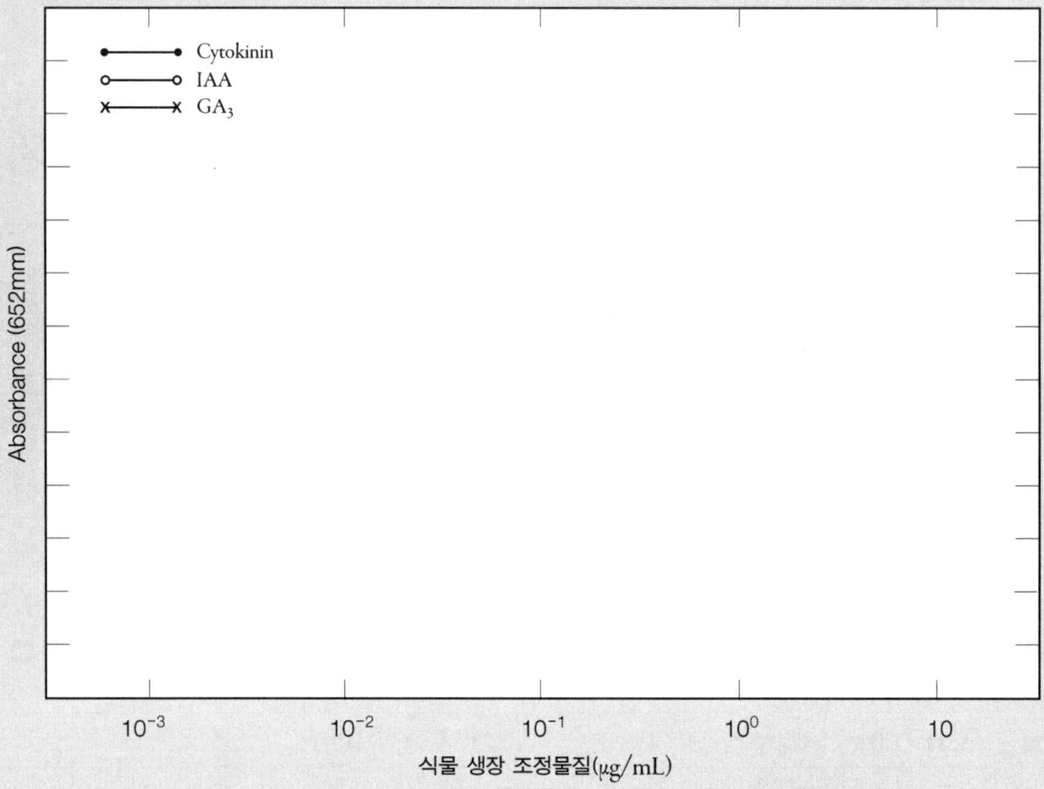
Cytokinin
IAA
$GA_3$
Absorbance (652mm)
$10^{-3}$
$10^{-2}$
$10^{-1}$
$10^{0}$
10
식물 생장 조정물질(μg/mL)

실험 34

# 식물호르몬이 부정근 형성에 미치는 영향

## 1. 서론

식물에서 종자를 이용하여 번식하는 것보다 잎자루나 줄기를 삽목하여 영양 번식하는 것이 더 효율적이고 편리할 때가 많다. 종자는 크기도 작고 초기 발생 시 어린식물을 관리하는데 따르는 문제뿐만 아니라 일정한 기간의 휴면기를 벗어나게 하는 등 여러 가지 난점이 따르는 반면에, 삽목에 의한 번식은 대량 생산이 가능할 뿐만 아니라 원하는 품종의 유전형질을 보존하는데 이상적인 방법이다.

삽목에 있어서 뿌리내리기는 가장 필수적인 과정이나 모든 식물에서 용이하게 뿌리가 발생하는 것은 아니다. 굵은 모래나 perlite, vermeculite 등 비교적 통기성이 좋고 함수능력도 높은 토양을 사용하여야 하며 줄기의 밑둥에서 발생하는 막뿌리(adventitious root)는 삽목 전에 줄기 밑둥을 auxin계 물질에 담가두거나 물질을 발라줌으로써 분화가 촉진되는 경우가 있다. 이런 경우에 IAA는 식물 줄기에 내재하여 있는 IAA oxidase에 의하여 곧 파괴되기 때문에 합성 auxin인 indolebutyric acid (IBA)나 naphthaleneacetic acid (NAA)가 더 효과적이다.

본 실험에서는 auxin계 물질을 비롯하여 $GA_3$, kinetin 등 물질의 막뿌리 발생효과를 분석한다.

## 2. 실험재료 및 기구

- 콩 32개체 (온실에서 7~10일생)
- 유리병 (직경 6 cm, 높이 6 cm) 8개
- parafilm (또는 wrap)
- 면도날과 고무밴드
- 자 (mm 단위)
- 0.57 μM IAA 용액[a] 300 mL
- 0.03 mM NAA 용액[a] 300 mL
- 5.7 μM IAA 용액[a] 300 mL
- 0.3 mM NAA 용액[a] 300 mL
- 57.0 μM IAA 용액[a] 300 mL
- 5.7 μM kinetin 용액[a] 300 mL
- 5.7 μM $GA_3$ 용액[a] 300 mL

### 실험 준비

a) 식물생장조절물질 각 농도 용액은 최고 농도 용액에 해당되는 각 물질을 1 mL 95% ethanol에 녹인 후, 이를 영양액 〈[실험 4] 참조〉에 서서히 혼합하여 만든다. 낮은 농도의 용액은 이를 희석하여 만든다.

## 3. 실험 방법

① 준비된 유리병에 〈표 34-1〉과 같이 용액을 가득 채운다. 〈그림 34-1〉과 같이 유리병을 parafilm 또는 식품 포장 투명지로 덮어 봉한 다음, 둘레를 고무밴드 등으로 묶는다. Parafilm 위에 4개의 작은 구멍을 낸다.

② 온실에서 7~10일간 자란 키가 고른 콩 32개체를 준비한다. 일차엽 (primary leaf)이 크게 자라고 첫 번째 복엽이 발생하려고 하는 것이 실험재료로 가장 좋다. 잘 드는 면도날로 하배축의 기부를 절단하여 뿌리를 버린다. 이때 자엽이 떨어지지 않도록 조심한다. 〈그림 33-1〉과 같이 유리병에 4개체씩 하배축이 용액에 잠기게 꽂는다.

③ 실험실에 1주일간 둔다. 가끔 용액의 양을 점검하여 증산으로 줄어들었으며 증류수로 보충한다. 1주일 후, 각 하배축에 발생된 막뿌리 (adventitious root)의 수를

센다. 막뿌리의 총 길이를 재어 제일 긴 것을 6, 제일 짧은 것을 1로 하여 1~6의 등급을 정한다. 모든 data는 4개체의 평균치로 환산한다. 〈양식 34-1〉에 기록한다.

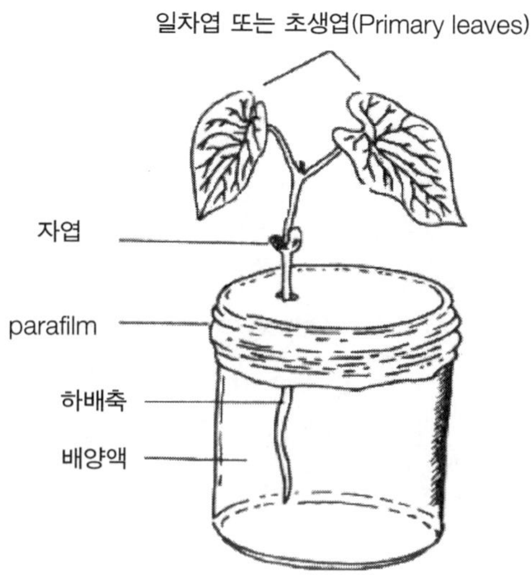


〈그림 34-1〉
콩의 하배축으로부터의 막뿌리 발생 실험장치
(4개체를 함께 꽂는다)

〈표 34-1〉

| 번호 | 식물 생장 조절물질 | 번호 | 식물 생장 조절물질 |
|---|---|---|---|
| 1 | Control(영양액) | 5 | NAA : $3\times 10^{-5}$M |
| 2 | IAA : $5.7\times 10^{-7}$M | 6 | NAA : $3\times 10^{-4}$M |
| 3 | IAA : $5.7\times 10^{-6}$M | 7 | $GA_3$ : $5.7\times 10^{-6}$M |
| 4 | IAA : $5.7\times 10^{-5}$M | 8 | Kinetin : $5.7\times 10^{-6}$M |

## 4. 생각해보기

① 대조군에서도 막뿌리가 발생하였는가? 각 생장 조절물질의 효과를 서술하시오.

② 막뿌리의 기원은 어느 조직세포인가? 막뿌리 분화에 대하여 해부학적으로 설명하시오.

## 5. 실험 준비 일정

| 시간 | 준비 사항 | 기타 |
|---|---|---|
| 7~10일 전 | 콩 파종 | 온실에서 배양 |
| 실험일 | 실험에 사용될 용액 제조 및 실험실시 | |
| 7일 후 | 결과 측정 | |

# 결과 보고서

| 실험 34 식물호르몬이 부정근 형성에 미치는 영향 | | | | | |
|---|---|---|---|---|---|
| 조 | 학번 | 이름 | 실험일자 | 점수 | 기타 |
| | | | | | |

〈양식 34-1〉

| 번호 | 처리물질 | 막뿌리수/개체 | | | | | 뿌리 길이 등급(1~6) |
|---|---|---|---|---|---|---|---|
| | | Ⅰ | Ⅱ | Ⅲ | Ⅳ | 평균 | |
| 1 | Control | | | | | | |
| 2 | IAA : $5.7\times10^{-7}$ M | | | | | | |
| 3 | IAA : $5.7\times10^{-6}$ M | | | | | | |
| 4 | IAA : $5.7\times10^{-5}$ M | | | | | | |
| 5 | NAA : $3.0\times10^{-5}$ M | | | | | | |
| 6 | NAA : $3.0\times10^{-4}$ M | | | | | | |
| 7 | $GA_3$ : $5.7\times10^{-6}$ M | | | | | | |
| 8 | Kinetin : $5.7\times10^{-6}$ M | | | | | | |

# 실험 35

# Cytokinin - 잎의 노화

## 1. 서론

노화 (Senescence)란 생물의 개체 또는 기관의 죽음에 접근하는 퇴행성 과정이다. 식물의 잎 조직에서 점진적으로 진행되는 노화는 조직세포 내 단백질과 핵산 함량의 감소와 엽록소 소실에 의한 비가역적 황화현상을 수반한다. 세포 내의 이화작용이 동화작용보다 큰 폭으로 진행되므로 수많은 수용성 대사물들이 노화조직으로부터 유출되어 다른 부위로 이동되고, 광합성율도 줄어들게 된다. 세포 내의 구조적 변화도 나타나는데 세포기관의 분해와 더불어 막 투과성이 증가되고 세포질 내 polysome이 와해되며 결국 핵이 없어져 버리게 된다.

식물의 성숙한 잎을 잎자루와 함께 떼어 물에 담그면 노화과정이 촉진되어 단백질과 엽록소의 함량이 2~3일 사이에 절반으로 감소된다. 잎의 조각이나 원반형으로 도려낸 disc를 위와 같이 처리하여도 같은 결과를 얻게 된다. 그러나 분리된 잎에 막뿌리가 발생한다면 오히려 줄기에 붙어 있을 때보다 더 오래 살아남게 된다. Cytokinin계 물질들의 작용 중에서 가장 뚜렷하고 분명한 것은 식물 줄기로부터 분리해 낸 잎 또는 잎 절편의 노화를 지연시키는 효과이다. Cytokinin계 물질 중, 합성물질인 kinetin과 benzyladenine은 이러한 효과가 큰 생장조절물질이다. Kinetin을 잎의 어느 국한된 부위에 살포했을 경우에는, 그 잎이 노화가 진행되면서 콩의 어린 잎의 생장을 촉진하고, 성숙된 잎의 처리 부위의 노화를 억제시키는 효과 이외에도, 어느 한 잎에 살포하면 cytokinin을 살포하지 않은 다른 잎의 생장을 억제하고 노화를 촉진시키는 결과를 가져오게 한다. 막뿌리가 발생할 때 잎의 노화가 억제되는 현상은 발생된 막뿌리에서 생성된 cytokinin이 도관을 통하여 잎 조직으로 이동되어 잎 조직의 노화를 억제시키기 때문이라고 밝혀졌다.

본 실험에서는 콩 어린식물의 줄기를 절단 분리하여 줄기에 부착되어 있는 잎의 생장과 노화에 미치는 benzyladenine (BA)의 효과를 분석하기로 한다.

## 2. 실험재료 및 기구

- 강낭콩 (*Phaseolus vulgaris*)[a] 25개체
- Acetone
- 면도날
- 400 mL beaker 5개
- 10 mL 용량 graduated cylinder
- Mortar과 pestle
- 붓 또는 솜
- 자(mm 단위)
- Spectrophotometer
- 식물배양실 (또는 22~24℃, 광원이 있는 곳)
- 원심분리기와 tube (또는 Buchner 여과장치)
- 30 mg/L benzyladenine (BA)[b]

### 실험 준비

a) 온실에서 물로 14일간 재배한 것. 키가 약 25 cm, 초생엽이 성숙되고, 첫 번째 복엽의 소엽의 길이가 1 cm 정도인 개체

b) BA 15 mg을 0.3 N KOH 1~2 mL에 녹인 후, 0.05% Tween 20이 들어있는 증류수 500 mL에 서서히 혼합하여 만든다

## 3. 실험 방법

① 강낭콩의 초생엽 (primary leaf)의 위치로부터 10 cm 밑의 줄기 부위를 잘 드는 면

도날로 자르고 곧 자엽을 떼어낸다. 반쯤 증류수가 들어있는 beaker 5개에 각기 5~8개의 절단된 줄기를 꽂은 후 줄기의 절단부가 물에 잠겨 있는지 확인한다. Beaker에 처리군 번호 1~5를 붙인다.

② 각 처리군 별로 다음과 같은 처리를 한다〈그림 35-1 참고〉. (BA 용액은 잎의 윗면에만 바른다)

- 제 1군 복엽을 모두 제거한다. 실험 도중에도 발생되는 복엽은 계속 제거한다. 줄기 끝은 온전하게 남겨 둔다. 붓이나 솜뭉치를 이용하여 한쪽의 초생엽의 윗면 (adaxial side)에 BA용액을 바른다. 다른 쪽 초생엽에는 BA가 묻지 않도록 조심한다.
- 제 2군 복엽을 제거하는 요령은 제 1군과 같다. 두 초생엽의 각기 반쪽 부위(중심맥을 기준으로)만을 BA 용액으로 처리한다.
- 제 3군 복엽을 그대로 둔다. 두 초생엽에 BA 용액을 바른다. 복엽에 묻지 않도록 조심한다.
- 제 4군 첫번째 복엽의 소엽들에 BA 용액을 바른다. 초생엽에는 바르지 않는다.
- 제 4군 복엽, 초생엽 등 모든 잎을 그대로 둔다. BA 용액을 바르지 않는다.

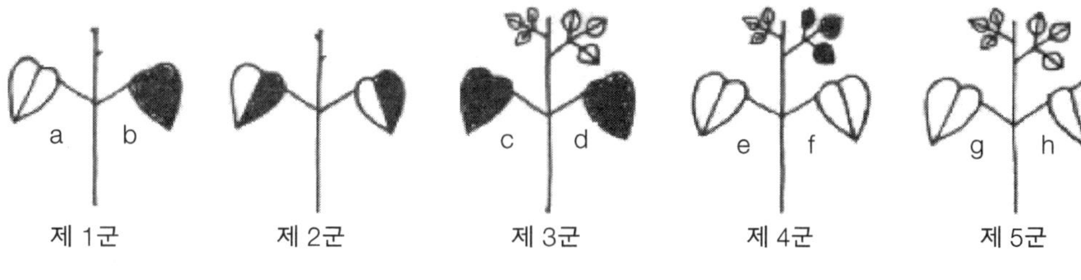


〈그림 35-1〉 강낭콩 잎 윗면의 BA 처리 (검은 부분)

③ 형광등과 백열등의 혼합 광원이 있으며 22~24℃로 유지되는 장소(가능하면 식물 배양실)에 위와 같이 처리한 식물을 보관한다. 3일 간격으로 줄기 밑동을 새로 잘라 주고 증류수를 갈아 준 뒤, 만일 막뿌리가 발생하였다면 이를 즉각 제거한다.

그리고 ②에서와 같이 잎에 BA 용액을 바른다.

④ 실험 시작 후 14일째 실험을 종결하고 사진을 찍는다.

⑤ 제 3, 4 ,5군의 첫 번째 복엽의 각 소엽들의 잎면의 길이를 측정하여 기록한다〈양식 35-1〉.

⑥ 제 1, 3, 4, 5군의 초생엽 (〈그림 35-1〉의 a~h)의 잎면 각 5장씩, 총 40개를 취하여 각 처리별 (a~h)로 잎을 소량의 acetone을 첨가한 후 mortar와 pestle로 마쇄한다. 각 homogenate를 원심분리를 하거나 Buchner 여과장치로 여과하여 상층액 또는 여과액에 acetone을 가하여 최종 부피를 맞춘다. 최종 부피는 다음과 같이 결정한다. 즉, 시료 중 가장 엽록소 함량이 많은 시료의 % absorption (665nm)이 100%보다 약간 적은 값이 되도록 acetone으로 희석하여 최종 부피를 정하고 이 최종 부피는 8종의 시료에서 동일하여야 한다. Spectrophotometer로 665nm에서의 % absorption 값을 구하여 기록한다〈양식 35-2〉.

## 4. 생각해보기

① 제5군의 결과를 대조군으로 하여 제 1~4군의 각 처리군 별로 나타난 benzyladenine의 영향을 간략하게 설명하시오.

② 같은 식물체에서 cytokinin으로 처리된 잎이 처리되지 않은 다른 잎의 노화를 촉진시켰다면, 그 원인은 무엇이라 생각하는지 설명하시오.

③ 각 처리군에서 줄기 밑에 막뿌리 발생 여부를 설명하고 본 실험에서 막뿌리를 즉각 제거하였던 이유는 무엇인지 설명하시오.

④ 초생엽 (5장)으로부터 추출한 엽록소 추출액의 % absorption 값을 엽록소 함량으로 환산하는 방법을 조사하시오.

⑤ 식물체 내에 자연적으로 존재하는 cytokinin과 합성 cytokinin 물질의 종류와 이들의 화학구조를 써 보시오.

## 5. 실험 준비 일정

| 시간 | 준비 사항 | 기타 |
|---|---|---|
| 14일 전 | 강낭콩 파종 | 온실에서 배양 |
| 실험일 | 실험에 사용될 BA용액 제조 | |
| 3일 간격(14일) | 길이 측정 | |
| 14일 후 | 실험 종료, 결과 관찰 및 기록 | |

# 결과 보고서

| 실험 35 Cytokinin - 잎의 노화 | | | | | |
|---|---|---|---|---|---|
| 조 | 학번 | 이름 | 실험일자 | 점수 | 기타 |
| | | | | | |

〈양식 35-1〉

| 처리군 | BA처리(+ 혹은 -) | | 복엽의 평균길이(잎자루 기부에서 중앙소엽끝)(mm) | |
|---|---|---|---|---|
| | 복엽 | 초생엽 | 첫째잎 | 둘째잎 |
| 3 | - | +(양측) | | |
| 4 | + | - | | |
| 5 | - | - | | |

〈양식 35-2〉

| 처리군 | BA처리(+ 혹은 -) | | % absorption(665nm) |
|---|---|---|---|
| | 복엽 | 초생엽 | |
| 1 | 제거 | (a) - | |
| | | (b) + | |
| 3 | - | (c) + | |
| | | (d) + | |
| 4 | + | (e) - | |
| | | (f) - | |
| 5 | - | (g) - | |
| | | (h) - | |

# 실험 36

# Ethylene - 식물 생장

## 1. 서론

식물 호르몬의 일종인 ethylene은 식물의 생장과 분화에 있어서 일반적으로 억제 작용을 나타낸다. Ethylene에 관한 초기 연구에서 주요한 공헌을 한 Neljubow는 ethylene이 완두의 줄기 신장을 억제하고 줄기의 굵기를 증가시킬 뿐만 아니라 줄기의 음성 굴중성반응을 교란시켜 수평으로 성장케 하는 소위 "3중 반응 (triple response)" 현상을 관찰한 바 있다. 이러한 영향은 암소에서 생장한 황화된 어린식물에서만 나타난다.

본 실험에서는 암소에서 자란 황화된 완두의 초기 생장에 미치는 ethylene의 효과를 관찰한다.

## 2. 실험재료 및 기구

- 완두 (암소, 20~25℃에서 1주일생; 키 약 15 cm; 화분당 8개체) 화분 4개
- 잘 익은 사과
- 1000 ppm 2-chloroethanephosphonic acid 용액 (Ethephon; 상품명 Ethrel)
- Ethylene gas

- 비닐봉지 3 (또는 키 큰 bell jar와 유리판 각 3개)
- 끈(또는 stopcock grease)
- 암실(녹색 안전등이 있는)
- 자(mm 단위)

## 3. 실험 방법

① 암소에서 1주일간 생장한 완두 어린식물을 준비한다. 화분 당 키가 일정한 8개체씩 화분 4개를 사용한다. 완두는 시험이 모두 종결될 때까지 암실에 두어야 한다. 암실에는 녹색과 청색의 셀로판지로 싼 형광등 (또는 손전등)을 준비하여 실험 시에 잠깐 동안 안전등으로 사용한다.

② 각 개체의 셋째마디사이 (제일 위의 마디인 세 번째 마디와 상배축 훅 (epicotyl hook) 끝 사이)의 길이를 측정한다.

③ 유리판 위에 완두의 화분을 하나씩 올려놓고 bell jar를 식물에 씌운다. 1번 화분은 bell jar 속에 잘 익은 사과의 껍질을 벗겨 넣어 밀봉하고, 2번 화분에는 bell jar 속에 ethylene gas를 소량 주입하거나 (작은 flask나 beaker에 담아서 bell jar 속에 넣고 마개를 열어 놓는다), ethephon을 살포한다. 3번 화분은 아무런 처리 없이 bell jar를 씌운다. bell jar를 사용할 때에는 외부 공기와 차단시키기 위하여 밑의 주변부에 stopcock grease를 발라 유리판에 밀착시킨다. 만일 bell jar가 준비되지 않으면 비닐봉지를 씌우고 끈으로 화분을 묶어 밀봉한다. 4번 화분은 그대로 둔다. 모든 화분들을 암실에 보관한다.

④ 암실 보관 2~4일 후, 모든 식물을 실험실로 옮기고 줄기의 셋째마디사이의 길이를 측정하여 기록한다. 이 마디사이의 가장 굵은 부분의 직경을 0.1 mm 단위로 잰다. 또한, 줄기의 굴성반응의 형태, 상배축 갈구리의 펴짐 상태 및 잎의 크기 등 각 처리군 별로 특징적인 반응을 조사한다〈양식 36-1〉.

## 4. 생각해보기

① 실험 결과를 분석하여 Neljubow가 관찰하였던 "3중 반응"이 본 실험에서도 유발

되었는지 설명하시오.

② Ethylene이 "3중 반응"을 유발시키는 직접적인 원인에 대하여 조사하시오.

③ Ethylene 또는 Ethrel 등의 물질이 어떻게 농업과 원예에 쓰이고 있는지 조사하시오.

## 5. 실험 준비 일정

| 시간 | 준비 사항 | 기타 |
|---|---|---|
| 7일 전 | 완두 파종 | 암소(20~25℃)에서 배양 |
| 실험일 | 실험에 사용될 용액 제조 | |
| 2~4일 후 | 관찰, 측정 | |

# 결과 보고서

| 실험 36 Ethylene - 식물 생장 | | | | | |
|---|---|---|---|---|---|
| 조 | 학번 | 이름 | 실험일자 | 점수 | 기타 |
| | | | | | |

〈양식 36-1〉

| 처리군 | 처리내용 | 마디사이 평균길이(mm) | | | 마디사이 최종직경 (mm) | 기타 특징 |
|---|---|---|---|---|---|---|
| | | 처음길이 | 최종길이 | 증가율 | | |
| 1 | 사과껍질 + 밀봉 | | | | | |
| 2 | Ethylene + 밀봉 | | | | | |
| 3 | 밀봉 | | | | | |
| 4 | 처리안함 | | | | | |

# 실험 37

## 줄기의 굴광성 반응

### 1. 서론

식물의 굴성 운동은 자극의 방향과 관련이 있으므로 양성과 음성 반응이 있다. 만약 식물이 자극의 방향으로 반응을 하면 양성이고, 자극 방향과 반대로 반응하면 음성이다.

굴광성(phototropism)이란 식물의 줄기나 뿌리 등이 빛을 향하여 생장하거나 혹은 빛의 반대 방향으로 생장하는 현상이다. 굴중성(gravitropism), 굴촉성(thigmotropism)과 함께 굴광성은 영구적이고 비가역적인 생장운동이다. 이러한 굴광반응은 굴곡하는 기관의 빛을 받는 쪽과 그늘진 쪽 간의 생장률의 차이에 의한다. 즉 자엽초의 경우, 정단부에서 생성되어 아래 방향으로 내려오는 auxin이 빛을 받는 면에서 그늘진 쪽으로 횡단 이동하기 때문에 그늘진 쪽에 auxin의 양이 많아져 세포의 신장률이 그늘진 쪽이 훨씬 커서 자엽초는 빛 쪽으로 휘게된다.

일반적으로 굴광성 반응을 유발하는 파장은 청색이다. 귀리(*Avena*) 자엽초의 굴광성 반응의 작용 스펙트럼을 조사하면 445~474nm와 370nm에서 강한 효과를 보여준다. 이러한 빛을 흡수하는 수용체는 포토트로핀(phototropin)이라고 하는 플라보 단백질로 알려져 있다. 포토트로핀은 다른 청색광 수용체인 크립토크롬과 생화학적으로나 유전학적으로 구별이 된다.

본 실험에서는 귀리의 자엽초 〈그림 37-1〉에 한쪽에서 빛을 비추고 이들이 양성 굴광성 반응을 나타내는 양상을 조사한다.

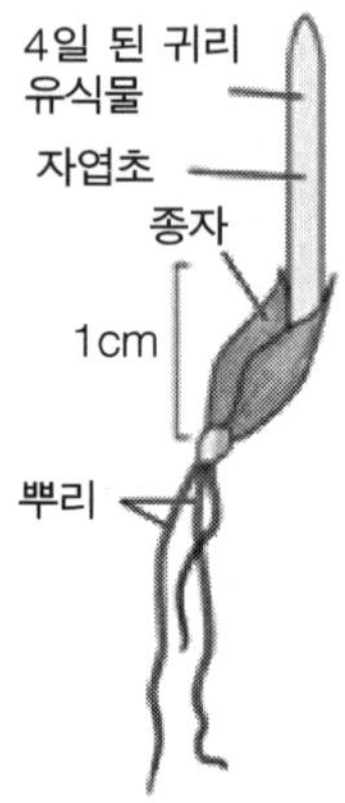


〈그림 37-1〉 귀리 자엽초 모식도

## 2. 실험재료 및 기구

- 귀리[a)]
- 60 watt 백열등 스탠드
- 암상자[b)]
- 알루미늄 호일
- 가위 또는 면도날
- 암실(적색등이 있는)
- 자(mm 단위)

### 실험 준비

a) 직경 10 cm 화분에 20개 종자를 파종하여 암소에서 4일간 키운다. 자엽초의 길이가 약 20 mm 정도 되는 것을 선별한다.

b) 가로 20 cm, 세로 20 cm, 높이 30 cm; 내벽은 검은 색; 앞면에 길이 10 cm, 폭 5 mm의 길고 좁은 창을 낸다; 창의 높이는 자엽초의 높이와 같게 한다〈그림 37-2〉.

## 3. 실험 방법

① 귀리를 암상자에 넣기 전의 모든 과정은 암실의 적색 안전등 밑이나 희미한 불빛에서 행한다. 약 20개의 귀리 자엽초(길이 20 mm정도)가 자란 귀리 화분 1개를 준비하고 평균 키보다 특별히 크거나 작은 개체를 토양 표면 수준에서 잘라버리고 15개체만 남겨둔다.

② 알루미늄 호일을 직경 8 mm의 원형으로 오려서 자엽초의 굵기와 비슷한 굵은 연필 끝을 이용하여 고깔 모양을 5개 만든다. 아래 그림과 같이 무작위로 5개 자엽초는 그대로 두고(A), 5개 자엽초에서는 정단부로부터 4 mm 되는 부분을 가위 또는 면도날로 잘라버리고(B), 5개 자엽초 정단부에 알루미늄 호일 고깔을 씌운다(C).

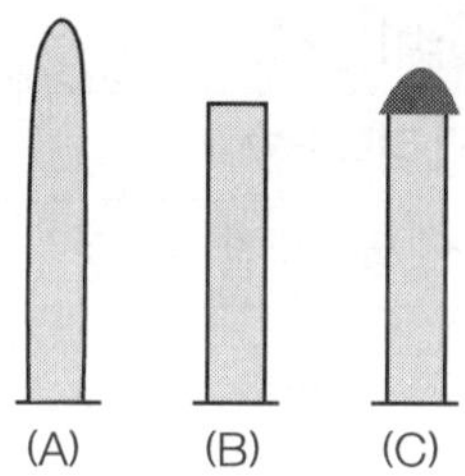


③ 〈그림 37-2〉와 같이 암상자 안에 귀리 화분을 놓고 수평 창의 높이가 귀리 자엽초의 상반부가 되도록 화분의 높이를 조절한다. 스탠드의 백열등 높이도 수평 창 수준으로 맞춘 후 전등을 켠다. 전등과 암상자의 거리는 약 60~90 cm로 한다.

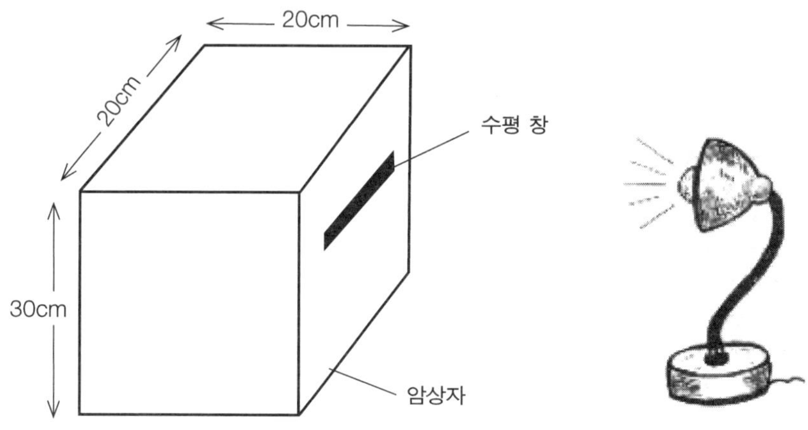


〈그림 37-2〉 자엽초 굴광성 반응 실험장치

④ 2시간 동안 굴광반응을 일으키게 한다. 2시간 후, 암상자를 벗기고 각 처리군 별로 굴광성 반응의 굴곡을 측정한다〈양식 37-1〉.

## 4. 생각해보기

① 각 처리별로 나타난 반응을 설명하고 원인을 분석해보시오.

② 자엽초의 굴광반응에 있어서 빛의 감수 부위와 굴곡 부위는 같은지 설명해보시오.

③ 본 실험에서 암실의 안정등으로 적색광을 사용한 이유를 생각해보시오.

## 5. 실험 준비 일정

| 시간 | 준비 사항 | 기타 |
|---|---|---|
| 4일 전 | 귀리 파종 | 암소에서 배양 |
| 실험일 | 실험 실시 및 관찰, 측정 | |

# 결과 보고서

| 실험 37 줄기의 굴광성 반응 | | | | | |
|---|---|---|---|---|---|
| 조 | 학번 | 이름 | 실험일자 | 점수 | 기타 |
| | | | | | |

〈양식 37-1〉

| 처리 | 각도 | |
|---|---|---|
| | data | 평균 |
| 대조군(A) | | |
| | | |
| | | |
| | | |
| | | |
| 정단 제거(B) | | |
| | | |
| | | |
| | | |
| | | |
| 정단에 은박지(C) | | |
| | | |
| | | |
| | | |
| | | |

# 실험 38

## 뿌리의 굴중성 반응

### 1. 서론

식물의 생장운동에서 식물체의 일부가 외부 자극에 대하여 일정한 방향으로 굽는 운동을 굴성(tropism)이라고 한다. 굴성 운동의 종류는 자극의 종류에 따라 굴광성(빛), 굴화성(화학물질), 굴촉성(접촉) 등으로 나눌 수 있다.

굴중성(gravitropism)은 중력의 자극에 따른 굴성 운동이다. 뿌리는 중력의 방향으로 뿌리가 생장하는 '양성 굴중성 반응'을 나타내고, 줄기는 중력의 반대 방향으로 자라는 '음성 굴중성 반응'을 나타낸다.

어린식물의 뿌리에서 중력을 감지하는 부분은 정단부이고 굴중성 반응을 나타내는 곳은 정단부에서 조금 떨어진 신장부이다. Cholodny-Went 가설에 따르면 암소에서 줄기를 수평으로 놓으면 auxin이 아랫부분에 축적되어 생장을 촉진하여 줄기가 위로 자라는 음성 굴중성 반응이 나타난다. 그러나 수평으로 놓인 뿌리에서 아랫부분에 축적된 auxin은 오히려 아랫부분의 생장을 억제하여 뿌리가 중력 방향으로 양성 굴중성 반응을 나타낸다.

뿌리에서 중력을 감지하는 곳은 근관의 중축세포이며, 이 세포 안에 있는

amyloplast가 중력에 따라 아래로 이동하며 중력 자극을 인지한다. 뿌리에서 근관(root cap)을 제거하면 굴중성 반응이 일어나지 않으며 근관 내의 세포 안에는 뿌리 정단부의 다른 세포들에 비하여 많은 수의 amyloplast가 들어 있다. 뿌리의 정단부에서 인지한 중력은 뿌리의 신장대의 세포로 전달되고 이 신호전달에 따라 칼슘이온과 auxin의 농도가 아랫부분에서 증가하고 세포신장은 억제되어 뿌리는 아랫방향으로 휘게 된다. 본 실험에서는 옥수수 종자의 일차뿌리가 중력과 칼슘이온에 따라 어떻게 반응하는지 알아보고자 한다.

## 2. 실험재료 및 기구

- 옥수수 종자(실험 전 3~4시간 침윤된 것) 70개
- agar, $CaCl_2$, EGTA, 증류수
- 면도칼
- 유성 매직펜(또는 유리용 왁스 연필)
- tray
- 직경 9~10 cm Petri dish 14개
- 투명 접착테이프
- 여과지(Petri dish에 맞는 원형)
- 알루미늄 호일

## 3. 실험 방법

① 옥수수 종자(Golden x Bantum)를 27℃에서 하룻밤 동안 물에 담가놓은 후, 〈그림 38-1〉과 같이 tray 위에 kitchen towel 2장을 깔고 물로 적시고(A) 그 위에 옥수수 종자의 배가 kitchen towel에 닿도록 하여 배의 뿌리 부분이 아래로 향하도록 가로로 배열한다(B). 그 위에 다시 kitchen towel 2장으로 덮고 물로 적신 후 tray로 덮고(C) 테이프로 붙여서 고정 시킨 후(D) 물이 담긴 통안에 수직으로 세워 놓아(E) 옥수수 일차뿌리가 1.5-2.0 cm 가 되도록 키운다(27℃에서 1.5일간).

② Petri dish 바닥에 매직펜으로 화살표로 중력 방향을 표시한 후 〈그림 38-2〉과 같이 1.5~2일간 키운 옥수수 종자를 같은 방향으로 투명 접착테이프 위에 배열하여 접착시키고 이를 물기가 없는 Petri dish 바닥에 접착시킨다. 이때 뿌리의 방향은 중력 방향을 고려하여 정한다. 이 위에 6장의 고압 멸균처리된 여과지를 덮고 고압

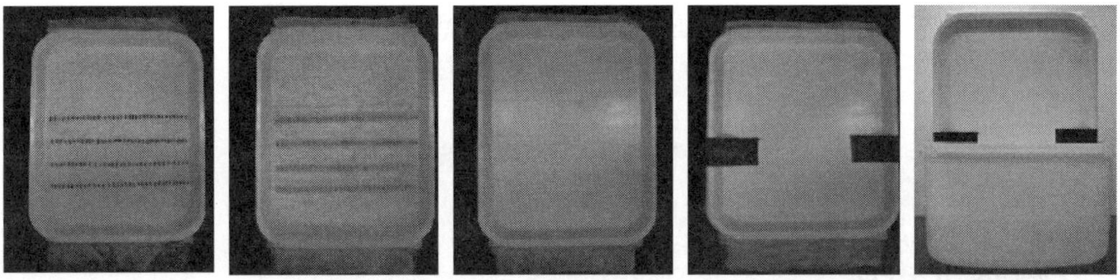


〈그림 38-1〉 옥수수종자 심는 순서

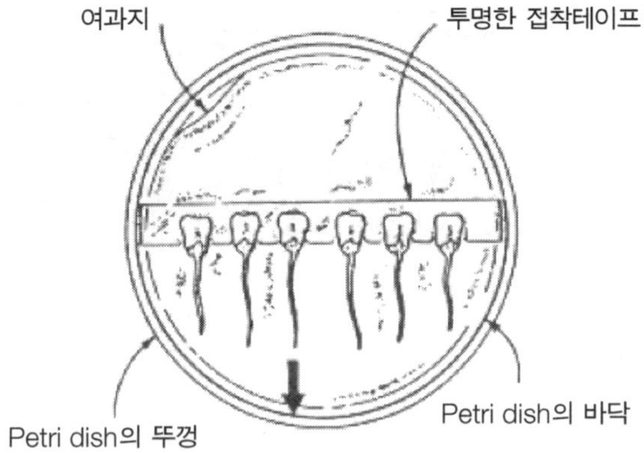


〈그림 38-2〉 옥수수종자 심는 순서

멸균처리된 증류수로 흠뻑 적신 후 여과지를 눌러 종자의 위치나 방향이 어긋나지 않도록 한다. 남은 물을 따라버리고 뚜껑을 덮고 parafilm으로 감는다. 2시간과 1일 후 관찰하여 사진을 찍고 각도기로 각 뿌리의 각도를 측정한다〈양식 38-1〉.

## 4. 생각해보기

① 정단부가 절단된 뿌리의 굴중성 반응에 대하여 설명해보시오.

② 굴중성 반응의 감수 부위가 뿌리의 정단부라 한다면 이 부위의 특징에 대하여 생각해보시오.

③ 근관에서 생성되는 식물호르몬이 굴중성 반응 유발에 관련된다는 증거를 제시하고, 이를 설명해보시오.

④ 생장운동을 대하여 조사하고 굴중성 반응은 생장운동인지 생각해보시오.

## 5. 실험 준비 일정

| 시간 | 준비 사항 | 기타 |
|---|---|---|
| 2일 전 아침 9시경 | 옥수수 종자 물에 불리기 | |
| 2일 전 아침 7시경 | 옥수수 종자 tray에 심기 | 10시간 정도 물에 불리는 것이 좋음 |
| 1일 전 | 필요한 시약 및 초자 준비 | |
| 실험일 | 오전에 실험 | 27℃에서 1.5일 정도가 가장 좋음 |
| 2시간 후 | 굴중성 관찰 | |
| 1일 후 | 굴중성 관찰 | |

# 결과 보고서

| 실험 38 뿌리의 굴중성 반응 | | | | | |
|---|---|---|---|---|---|
| 조 | 학번 | 이름 | 실험일자 | 점수 | 기타 |
| | | | | | |

〈양식 38-1〉

| 처리 | 뿌리 방향 | agar block처리 | 각도 | | | |
|---|---|---|---|---|---|---|
| | | | 2시간 | | 1일 | |
| | | | data | 평균 | data | 평균 |
| 수평대조군 | 수평 | 없음 | | | | |
| 수직대조군 | 수직 | 없음 | | | | |
| 칼슘 | 수평 | 윗면 : 칼슘<br>아랫면 : plain agar | | | | |
| | 수평 | 윗면 : plain agar<br>아랫면 : 칼슘 | | | | |
| | 수직 | 왼쪽 : 칼슘<br>오른쪽 : plain agar | | | | |
| | 수직 | 왼쪽 : plain agar<br>오른쪽 : 칼슘 | | | | |

| 처리 | 뿌리 방향 | agar block처리 | 각도 | | | |
|---|---|---|---|---|---|---|
| | | | 2시간 | | 1일 | |
| | | | data | 평균 | data | 평균 |
| EGTA | 수평 | 윗면 : EGTA<br>아랫면 : plain agar | | | | |
| | 수평 | 윗면 : plain agar<br>아랫면 : EGTA | | | | |
| | 수직 | 왼쪽 : EGTA<br>오른쪽 : plain agar | | | | |
| | 수직 | 왼쪽 : plain agar<br>오른쪽 : EGTA | | | | |
| 칼슘 + EGTA | 수평 | 윗면 : EGTA<br>아랫면 : 칼슘 | | | | |
| | 수평 | 윗면 : 칼슘<br>아랫면 : EGTA | | | | |
| | 수직 | 왼쪽 : EGTA<br>오른쪽 : 칼슘 | | | | |
| | 수직 | 왼쪽 : 칼슘<br>오른쪽 : EGTA | | | | |

# 실험 39

## 종자 발아와 phytochrome

### 1. 서론

휴면 (dormancy)이란 생육에 부적절한 환경, 예를 들면 심한 건조나 저온 등의 조건하에서 살아남기 위하여 일시적으로 생장이나 대사 과정이 정지되어 있는 상태를 말한다. 휴면이 가장 뚜렷한 경우는 식물의 종자이다. 종자의 휴면에는 여러 형태가 있는데, 종피가 수분을 투과하지 못하는 이유로 휴면이 지속되는 종자는 토양 미생물의 작용이나 기계적인 힘으로 종피가 연화되거나 깨어짐으로써 휴면을 벗어나며, 산소와 수분이 있을 때에 저온 처리를 거쳐야 휴면으로부터 벗어나는 종자가 있고, 몇몇 종에서는 종자가 형성될 때에 미처 성숙하지 못한 배 (embryo)가 성숙할 때까지 휴면이 계속되는 경우도 있다.

상추 (*Lactuca sativa*)의 Grand Rapids 품종의 종자는 형성 직후에는 충분한 양의 산소나 적당한 온도 조건하에서도 발아하지 않으나 이러한 휴면상태는 빛에 의하여 극복이 된다. 빛이 비추어야 발아되는 광발아 종자는 침윤이 되고 수 시간 후에라야 광선의 효과가 나타나 발아된다. 식물의 형태 발생을 조절하는 색소 단백질인 phytochrome은 종자 내에서 광선을 흡수한다. 이 색소는 적색광을 흡수하는 형태의

$P_r$과 근적외광을 흡수하는 $P_{fr}$의 두 형태로 존재하며 이 둘은 서로 상호 전환된다. 이 중에서 $P_{fr}$은 여러 생리학적·생화학적 과정을 유발시킴으로써 발아과정이 일어나게 한다. 광발아 종자의 발아는 적색광에 의하여 촉진되는데 이러한 촉진효과는 적색광 직후의 근적외광 (far-red) 조사로 소멸되어 버린다. 즉, 적색광과 근적외광은 서로 상대방의 효과를 상쇄시키는 효과를 지닌다.

본 실험에서는 Grand Rapids 상추 종자의 발아에 대한 적색광 및 근적외광의 영향을 조사하며 이러한 광선의 효과가 종자의 침윤 정도에 따라 달라지는 것을 알아본다.

## 2. 실험재료 및 기구

- 광발아 상추 (*Lactuca sativa*, Grand Rapids) 종자 350개 (50개/처리군)
- 5 cm 직경 Petri dish 7개
- 여과지 (Petri dish에 맞는) 21장
- 2 mL pipette
- 암실 (녹색 안전등 설치)
- 알루미늄 호일
- 적색광 조사장치 (암실에 설치)
- 근적외광 조사장치 (암실에 설치)
- 유리용 왁스연필

## 3. 실험 방법

① 각 실험조는 〈표 39-1〉에서와 같이 7개 처리를 모두 행하거나, 아니면 몇 개의 처리군을 배정받아 실험에 들어간다. 모든 실험 과정은 암실 내의 녹색 안전등 (녹색과 청색의 셀로판지 각 2겹씩 형광등을 싸거나 또는 회중전등을 싼다) 밑에서 하여야 한다. 제 3처리군은 적색광(R) 조사 1시간 전에, 제 4처리군은 6시간 전에, 그리고 제 5~8처리군은 24시간 전에 Petri dish에 여과지 3장씩 깔고 그 위에 종자 50개씩을 골고루 펼쳐 놓은 후, 증류수를 넣고 바로 2겹의 알루미늄 호일로 싸서 광선을 차단하고 암실에 둔다.

② 제 1처리군의 경우, 위와 같은 요령으로 Petri dish의 여과지 위에 50개의 종자를 깔고 2.0 mL의 증류수를 넣고 곧 알루미늄 호일로 광선을 차단하여 암실에 둔다. 제 2처리군은 제 1처리군과 같이 준비하되 알루미늄 호일로 싸지 않고 그대로 식

〈표 39-1〉

| 번호 | 처리내용 |
|---|---|
| 1 | Dark control |
| 2 | 백색광 |
| 3 | 침윤 1시간 후 R |
| 4 | 침윤 6시간 후 R |
| 5 | 침윤 24시간 후 R |
| 6 | 침윤 24시간 후 R + FR |
| 7 | 침윤 24시간 후 R + FR + R |
| 8 | 침윤 24시간 후 R + FR + R + FR |

* R조사(4분), FR조사(8분), R과 FR 조사 간의 간격은 짧을수록 좋음.
R: 적색광, FR: 근적외광

물 배양실이나 실험실 창가에 둔다.

③ 미리 준비한 제 3~5군의 Petri dish 3개에 4분간 적색광을 조사하고 다시 알루미늄 호일로 밀봉하여 암실에 보관한다. 제 6~8처리군의 Petri dish 3개도 4분간 적색광 조사 후, 곧(간격이 짧을수록 좋음) 근적외광(FR)을 8분간 조사하고 즉시 제 7~8군은 적색광 4분, 제8군은 곧 이어 근적외광 8분을 조사하고 모두 알루미늄 호일 2겹으로 싸서 20~25℃의 암실에 둔다(또는 광선이 차단된 암상자 등도 가능함).

④ 〈표 38-1〉의 내용과 같이 처리한지 5~7일만에 모든 Petri dish를 꺼내어 상추 종자의 발아 %를 측정한다. 발아의 기준은 어린뿌리 (radicle)가 종피를 터뜨리면서 생장한 것으로 하되, 생장된 뿌리의 길이는 고려하지 않는다. 모든 실험조의 data를 수집하여 평균치를 구하고 각 처리군 별로 표를 작성한다〈양식 39-1〉.

## 4. 생각해보기

① 상추 종자는 침윤 후 몇 시간 만에 적색광에 가장 민감히 반응하는가?

② 상추 종자 발아가 광에 의해 촉진되기 위해서는 충분한 침윤과정이 앞서야 한다.

그 이유를 설명하시오.

③ 제 5~8처리군의 결과를 비교하면서 적색광과 근적외광의 효과를 논의하시오.

④ 본 실험에서 사용하는 암실 내의 안전등이 녹색과 청색인지 설명하시오.

⑤ 근적외광 조사시간이 적색광의 것보다 2배나 긴 이유를 설명하시오.

⑥ Phytochrome의 화학적 구조를 설명하시오.

## 5. 실험 준비 일정

| 시간 | 준비 사항 | 기타 |
|---|---|---|
| 실험일 | 실험시작 | |
| 5~7일 후 | 관찰, 측정, 기록 | |

# 결과 보고서

| 실험 39　종자 발아와 phytochrome | | | | | |
|---|---|---|---|---|---|
| 조 | 학번 | 이름 | 실험일자 | 점수 | 기타 |
| | | | | | |

〈양식 39-1〉

| 처리군 | 처리내용 | 발아율(%) |
|---|---|---|
| 1 | Dark control | |
| 2 | 백색광 | |
| 3 | 침윤 1시간 후 R | |
| 4 | 침윤 6시간 후 R | |
| 5 | 침윤 24시간 후 R | |
| 6 | 침윤 24시간 후 R + FR | |
| 7 | 침윤 24시간 후 R + FR + R | |
| 8 | 침윤 24시간 후 R + FR + R + FR | |

# 실험 40

# 잎의 수면운동과 phytochrome

## 1. 서론

식물의 감성반응 (nastic response)이란 환경으로부터의 자극에 의한 식물의 반응운동으로서 자극의 방향에 관계없이 반응의 형태나 방향이 항상 일정하게 나타나는 것이 특징이다. 감성반응의 일종인 수면운동 (nyctinasty)은 낮과 밤에 따라 식물 잎의 위치와 각도가 주기적으로 변하는 반응으로서 강낭콩, 클로버, 미모사 등의 잎에서 잘 관찰된다. 특히 수면운동에 관하여 많이 연구되는 대상은 자귀나무 (*Albizzia julibrissin*) 잎이다. 이 잎은 복엽이어서 각각의 잎은 여러 쌍의 깃털잎 (pinnae)으로 되어있고, 각 깃털잎은 여러 쌍의 마주보는 소엽 (pinnule)들로 구성되어 있다. 밤이 되면 마주 보고 있는 소엽들은 서로 날개를 접듯이 가까이 접혀 올라가며 낮이면 다시 떨어져 반대방향으로 눕는다. 이러한 주기적인 수면운동은 소엽의 기부가 작은 잎자루 (rachilla)에 붙어 있는 부분에 엽침 (pulvinus)이라고 불리는 특수한 조직 세포의 팽윤 변화에 의한다. 즉 낮에는 엽침의 아랫부분 (abaxial side) 세포로부터 물이 빠져나가고 윗부분(adaxial side) 세포에 물이 들어와 소엽이 활짝 펴지고 밤이 되면 아랫부분 세포의 팽윤이 증가되는 반면에 윗부분 세포들의 팽윤이 감소되기 때문에 소엽은 접혀 올라가게 된다. 팽윤의 변화를 주기적으로 나타내는 특수한 피층세포들을 기동세포 (motor cell)라 하며 이 변화는 가역적이므로 수면운동은 생장운동과 구별된다.

기동세포들의 팽압 변화의 근본적인 원인은 세포막 투과도의 변화와 $K^+$과 $Cl^-$ 이온들의 순환이다. 기동세포 내에는 매우 높은 농도의 $K^+$이 들어있는데 *Mimosa pudica*의 경우에는 $K^+$의 농도가 0.5M이나 된다. 소엽이 접히는 것은 윗부분의 기동세포가 $K^+$과 $Cl^-$을 유출시킴에 따라 수분도 함께 세포를 빠져나가 팽압이 감소되는 한편, 아랫부분 세포들은 수분 포텐셜의 감소로 물을 받아들여 팽압이 증대되기 때문이다.

소엽의 여닫이에 대한 phytochrome의 효과는 광기 (photoperiod) 시작 후 1~2시간 내에 강력히 나타나다가 광기의 중반 이후에는 서서히 사라져 결국 효과가 없게 되는데, 이러한 현상으로 보아 잎의 수면운동은 phytochrome계와 식물에 내재되어 있는 circadian rhythm과의 상호작용에 의하여 조절된다고 추측된다. 따라서 phytochrome의 영향을 알아보려면 광기 시작 1~2시간 전에 열려진 소엽에 적색광이나 근적외광을 조사하고, 즉시 암소에서 보관하여 이들의 효과를 관찰하여야 한다. Phytochrome계와는 무관한 강한 광선의 어떤 작용에 의해서도 소엽이 열려 있게 되며, 암기 이후에 소엽이 열려지는 과정도 이에 따른다고 추정된다.

본 실험에서는 수면운동을 뚜렷이 보여주는 자귀나무의 소엽쌍을 광기 시작 후 1~2시간 후에 적색광 또는 근적외광, 그리고 이 두 파장에 번갈아 노출시킨 후 암소에 두고, 시간별로 소엽 쌍의 접힘과 열림을 조사하여 수면운도에 대한 phytochrome계의 관련 사실을 확인하고자 한다.

## 2. 실험재료 및 기구

- 자귀나무 (*Albizzia julibrissin*)[a)]
- 청록색 안전등[b)]
- 자 (mm 단위)
- 식물배양실 (24℃, 명기 16시간, 암기 8시간으로 맞춤)
- 암상자

- 직경 약 10 cm Petri dish 7개
- 암실
- 면도칼 또는 해부칼
- 적색광 조사장치
- 근적외광 조사장치
- 10 mL pipette

### 실험 준비

a) 온실에서 식물 영양액으로 키운 3~4개월생 개체를 실험시작 4일 전에 하루 16시간 이상의 광주기에서 배양

b) 각각 2겹의 청색과 녹색의 셀로판을 회중전등 또는 형광램프에 씌운다.

## 3. 실험 방법

① 실험 시작 4일 전부터 매일 16시간의 빛을 받고 자란 자귀나무를 준비한다. 만일 광기가 하루에 12시간 이하이면 약 2주간의 휴면에 들어가기 때문이다. 또한, 더욱 중요한 것은 적색광 또는 근적외광 조사시각 1~1.5시간 전에 광기가 시작되도록 광주기 cycle를 맞는 것이다. 예를 들어, 조사 예정시각이 오후 3시라면, 암기가 끝나고 광기가 시작되는 시각이 1~1.5시간 전인 오후 1시 30분이나 2시여야 한다. 그러므로 광처리 시작까지는 실험실 내에서 적당한 빛을 비추면서 소엽들을 떼어내어야 한다. 자귀나무의 잎의 구조를 익힌다〈그림 40-1〉. 줄기에 부착되어 있는 큰잎자루 (rachis)로부터 여러 쌍의 작은잎자루 (rachilla)들이 서로 마주 보고 있다. 각각의 작은잎자루에는 약 12쌍의 소엽 (pinnule) 쌍이 서로 마주 보고 나 있는데 이 소엽 쌍들과 작은 잎자루를 통칭하여 깃털잎 (pinna)이라고 부른다. 본 실험에서는 작은잎자루에 부착되어 있는 채로 소엽 1쌍을 떼어내어 실험의 재료로 쓴다.

② Petri dish 7개를 준비하고 각각 10 mL의 증류수를 넣는다. 자귀나무의 싱싱한 깃털잎으로부터 작은잎자루에 마주보고 붙어있는 소엽쌍 49개 쌍을 잘 드는 면도날을 사용하여 떼어낸다〈그림 40-1〉. 7쌍씩 각 Petri dish의 물에 띄워 넣는다.

③ Petri dish에 1~7번의 번호를 붙인다. 각 처리군 별로 소엽 쌍들의 끝 사이의 길이

를 mm단위로 재어 기록해 둔다(〈그림 40-1〉 참고). 그리고 아래와 같은 처리를 준비한다.

- 제 1 처리군 Dark control
- 제 2 처리군 적색광(Red)
- 제 3 처리군 근적외광(Far-red)
- 제 4처리군 Red + Far-red
- 제 5 처리군 Red + Far-red + Red
- 제 6 처리군 Red + Far-red + Far-red
- 제 7 처리군 백색광(자연광) control

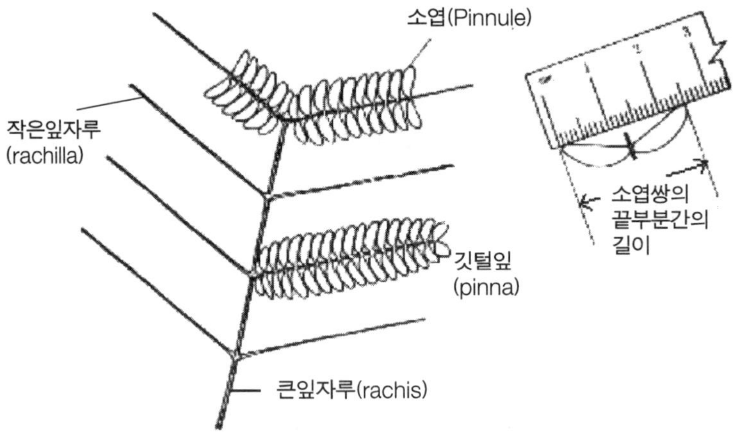


〈그림 40-1〉 자귀나무 복엽의 구조
(작은잎자루에 붙어 있던 일부 소엽들을 제거하였음)

암실에 적색광과 근적외광 조사장치를 준비하고 제 1번 Petri dish는 즉시 암상자에 넣고 제 7번은 형광등이나 백열등 광원에 노출시켜 둔다. 나머지 Petri dish들을 위와 같이 적색광 (2분)과 근적외광 (4분)으로 조사한다. 적색광 조사와 근적외광 조사 사이의 시간적 간격은 없는 것이 가장 좋다. 각각의 처리가 끝나면 바로 암상자에 옮겨 암기에 들어가도록 한다. 암상자를 암실에 옮긴다.

④ 암실에 옮긴 후 30분, 60분, 90분 및 120분만에 청록색의 안전등 밑에서 각 처리군

별로 소엽 쌍의 끝부분 사이의 길이를 mm 단위로 정밀히 잰다. 제 7처리군의 경우에는 실험실 내 광선아래에서 동시에 측정한다. 120분에는 실험실에 옮겨 최종적으로 길이를 측정한다.

⑤ 모든 실험조가 얻은 data를 모아 평균치를 산출하고 이를 〈양식 40-1〉에 정리한다.

## 4. 생각해보기

① 본 실험의 결과를 토대로 하여, 자귀나무 소엽의 수면운동에서 phytochrome 색소가 photoreceptor로 작용한다는 증거를 제시하고 설명하시오.

② 근적외광 조사시간이 적색광의 조사시간 보다 2배가 긴 이유는 무엇인지 설명하시오.

## 5. 실험 준비 일정

| 시간 | 준비 사항 | 기타 |
|---|---|---|
| 4일 전 | 3~4개월생 자귀나무 준비 | 하루 16시간 이상의 광주기에서 배양 |

# 결과 보고서

| 실험 40 잎의 수면운동과 phytochrome | | | | | |
|---|---|---|---|---|---|
| 조 | 학번 | 이름 | 실험일자 | 점수 | 기타 |
| | | | | | |

〈양식 40-1〉

| 처리군 | 광처리 | 소엽 쌍의 끝부분 사이의 평균길이(mm) | | | | |
|---|---|---|---|---|---|---|
| | | 0분 | 30분 | 60분 | 90분 | 120분 |
| 1 | Dark control | | | | | |
| 2 | R* | | | | | |
| 3 | FR* | | | | | |
| 4 | R+FR | | | | | |
| 5 | R+FR+R | | | | | |
| 6 | R+FR+R+FR | | | | | |
| 7 | 백색광 Control | | | | | |

* R=Red(적색광), FR=Far-red(근적외광)

# 실험 41

## 개화 (꽃눈 형성)에 대한 광주기적 조절

### 1. 서론

개화 (flowering)란 식물의 영양눈 (vegetative bud)이 꽃눈 (floral bud)으로 전환되는 꽃눈 형성과정을 뜻한다. 즉, 영양 생장의 형태가 생식 시기로 접어드는 것으로 식물에 따라서 영양 생장과 개화 과정이 동시에 진행되는 것도 있고, 영양 생장이 정지되고 개화가 유도되는 종류도 있다. 식물의 개화는 대부분의 경우, 환경요인에 의해서 시기가 결정되는데 1920년 미국 농부성 연구소의 Garner와 Allard는 담배 (*Nicotiana tabacum, Maryland mammoth* 품종)와 대두 (*Glycine max*)의 개화과정을 연구한 끝에 식물의 개화는 낮의 길이 (또는 밤의 길이)에 따라 결정된다는 광주기현상 (photoperiodism)을 최초로 발견하였다. 식물은 개화 양식으로 보아, 밤의 길이가 짧아짐에 따라 개화되는 장일식물, 밤의 길이가 길어지면 개화되는 단일식물, 그리고 일장에 관계없이 일정한 유년 시기를 지나면 개화되는 중일식물로 크게 나눌 수 있다. 장일식물과 단일식물의 각 종류는 일정한 임계광기 (critical light length) 또는 임계암기 (critical dark length)가 있으므로 이를 기준으로 하여 낮 또는 밤 시간이 증가하거나 감소하게 되면 개화과정이 유도되는 것이다.

단일식물에는 도꼬마리 (*Xanthivm strumarium*), 일본 나팔꽃 (*Pharbitis nil*), 담배(*Nicotiana tabacum*, Maryland mammoth), 포인세치아 (*Euphorbia pulcherrima*), 벼 (*Oryza sativa*), 대두 (*Glycine max*), 국화 (*Chrysanthemum morifolium*)의 한 품종, 좀개구리밥의 일종 (*Lemna paucicostata* 6746)이 있으며, 장일식물에는 사리풀의 일종 (*Hyoscyamus niger*), 시금치 (*Spinacia oleracea*), 보리 (*Hordeum vulgare*)의 몇몇 품종, 담배의 일종 (*Nicotiana sylvestris*), 좀개구리밥의 일종 (*Lemna gibba* G3), *Sinapis alba* 등이 있고 중일식물에는 토마토 (*Lycopersicum esculentum*), 옥수수 (*Zea mays*), 해바라기 (*Helianthus annuus*), 목화 (*Gossypium hirsutum*) 등이 있다.

개화과정이 유도될 수 있는 식물의 나이도 식물 종에 따라 매우 다양하다. 일본 나팔꽃은 자엽만이 발생된 어린식물에서도 개화가 유도되나 도꼬마리나 사리풀 종류는 수 주일이 지나야 개화가 일어날 수 있으며 어떤 목본 식물에는 수년이 지나야 가능한 것도 있다. 또한 광주기 처리에 대한 민감도도 식물에 따라 다르다. 즉, 도꼬마리나 일본나팔꽃 등의 단일식물은 단 한 주기의 유효 광주기 처리에도 민감히 반응하여 개화가 유도된다. 본 실험에서는 가장 예민한 반응을 나타내는 단일식물인 도꼬마리 (*Xanthivm strumarium*)를 여러 형태의 광주기에 노출시켜서 개화과정이 유도되는 양상을 분석한다.

## 2. 실험 재료 및 기구

- 도꼬마리(*Xanthivm strumarium*)[a] 18개체
- 식물생장실 (광주기와 온도조절가능)
- 면도날
- 확대경
- 암실 또는 암상자
- 저울

## 실험 준비

a) 도꼬마리의 씨를 모래나 vermeculite 묘판에 심고 온실이나 식물생장실에서 명기 20시간 (오전 4시→자정), 암기 4시간 (자정→오전 4시)의 광주기 또는 연속광으로 재배한다. 파종 2~3주 만에 묘판으로부터 균질한 개체를 작은 화분에 하나씩

이식한다. 광주기는 연속광이 좋다. 파종 후 약 6주 후에 (첫째와 둘째 잎이 반쯤 자란 시기) 실험에 들어간다.

## 3. 실험 방법

① 준비된 도꼬마리를 3개체씩 6개 처리군으로 나누어 놓는다. 각 처리의 내용은 다음과 같다. 단, 〔x(y)〕n = 광기 x시간, 암기 y시간의 n개 cycle.

- 제 1 처리군　control
- 제 2 처리군　$[8(16)]_1$
- 제 3 처리군　$[8(16)]_2$
- 제 4 처리군　$[8(16)]_3$
- 제 5 처리군　$[8(16)]_4$
- 제 6 처리군　$[8(16)]_5$

단, 16시간의 암기 중간(암기 시작 후 약 7시간)에 약 1시간 빛

② 온실이나 식물생장실에 광주기를 8(16), 즉 오후 5시부터 다음 날 오전 9시까지 암기가 되도록 맞춘다. 제 1처리군은 그대로 연속 광조건 하에 둔다(실험 종료 시까지). 모든 식물을 옮기는 작업은 매일 오후 3~4시 사이에 한다.

- 제 1일　제 2,3,4,5 처리군을 개화유도 광주기인 8(16)에 넣는다.
- 제 2일　8(16) 조건으로부터 제 2처리군만을 연속광으로 옮긴다.
- 제 3일　8(16) 조건으로부터 제 3처리군만을 연속광으로 옮긴다.
- 제 4일　이전 없음
- 제 5일　8(16) 조건으로부터 제 4처리군만을 연속광으로 옮긴다.
- 제 6,7,8일　이전 없음
- 제 9일　8(16) 조건에 남아 있던 제 5처리군을 연속광으로 옮긴다. 제 6처리군은 오후 6시~다음날 오전 6시까지 암기조건 하에 옮기되, 자정 (암기 시작 후 6시간째)에 강한 광선을 1시간 동안만 비춘다.
- 제 10일　제 6처리군의 암기가 오전 6시에 끝나므로 이를 연속광으로 옮긴다.

이상의 처리군 별 광주기 처리 작업 일정을 요약하면 〈그림 41-1〉과 같다.

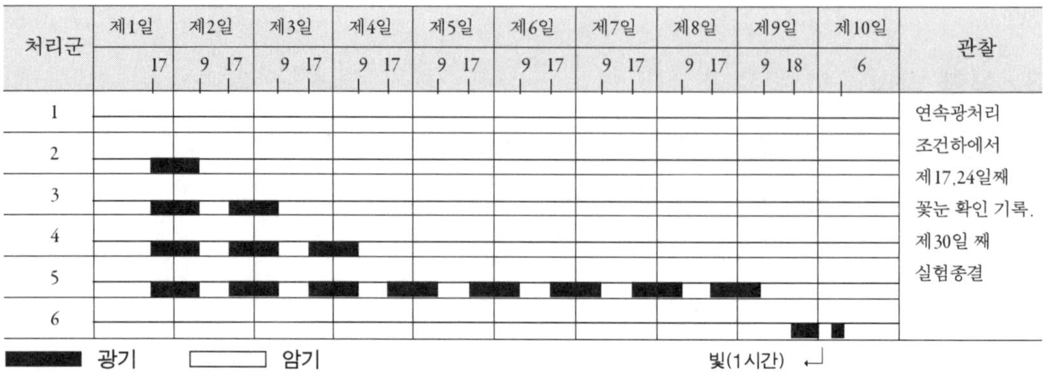


〈그림 41-1〉 각 처리군 별 광주기 처리 일정

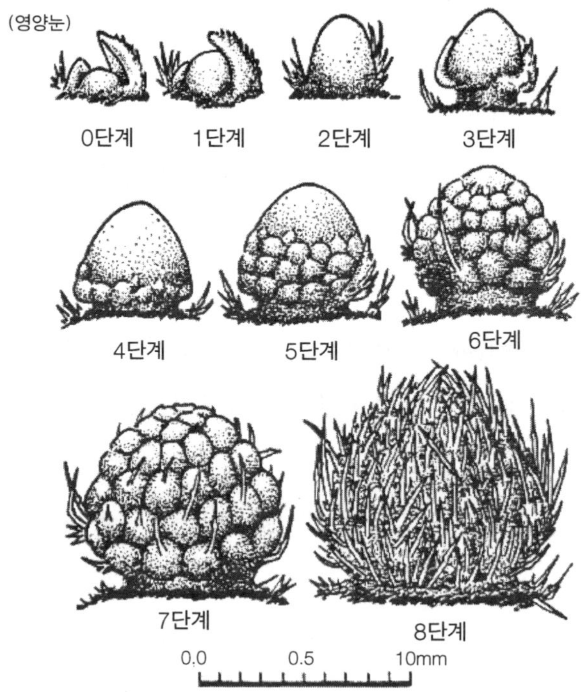


〈그림 41-2〉 도꼬마리 개화의 각 단계

③ 제 10일째의 작업이 끝난 후, 모든 개체를 연속광 조건하에 둔다. 일주일마다 각 처리군 별로 줄기 정단부에서 발생되는 꽃눈 또는 influorescence를 확대경으로 관찰하고 이를 기록해 둔다〈그림 41-2 참고〉. 제 30일에 최종 관찰을 한다. 즉 각 처리군 별로 개화된 개체수 (개화 개체의 %)를 조사하고 influorescence를 조심스럽게 떼어내어 저울로 신속히 무게를 측정한다. 결과를 〈양식 41-1〉과 〈41-2〉에 정리한다.

## 4. 생각해보기

① 본 실험의 결과를 분석하여 설명하시오.

② 도꼬마리의 임계 밤 길이는 몇 시간인가?

③ 제 6처리군에서 행한 암기 중의 광선 처리는 어떤 변화를 초래한다고 생각하는가?

④ 장일식물과 단일식물을 정확히 정의하시오.

## 5. 실험 준비 일정

| 시간 | 준비 사항 | 기타 |
|---|---|---|
| 2~3주일 전 | 도꼬마리 파종 | 온실 |
| 실험실 | 실험 실시 및 관찰, 기록 | |
| 30일 후 | 최종 관찰, 기록 | |

# 결과 보고서

| 실험41 개화(꽃눈 형성)에 대한 광주기적 조절 | | | | | |
|---|---|---|---|---|---|
| 조 | 학번 | 이름 | 실험일자 | 점수 | 기타 |
| | | | | | |

〈양식 41-1〉

| 처리군 | 개화 유효 광주기 횟수 | 개체수 | 개화 개체수 | 개화% | 꽃의 총 생체량 (g) | 개화 개체당 꽃생체량(g) (평균치) |
|---|---|---|---|---|---|---|
| 1 | 0 | | | | | |
| 2 | 1 | | | | | |
| 3 | 2 | | | | | |
| 4 | 4 | | | | | |
| 5 | 8 | | | | | |
| 6 | 1(단:암기절단) | | | | | |

〈양식 41-2〉

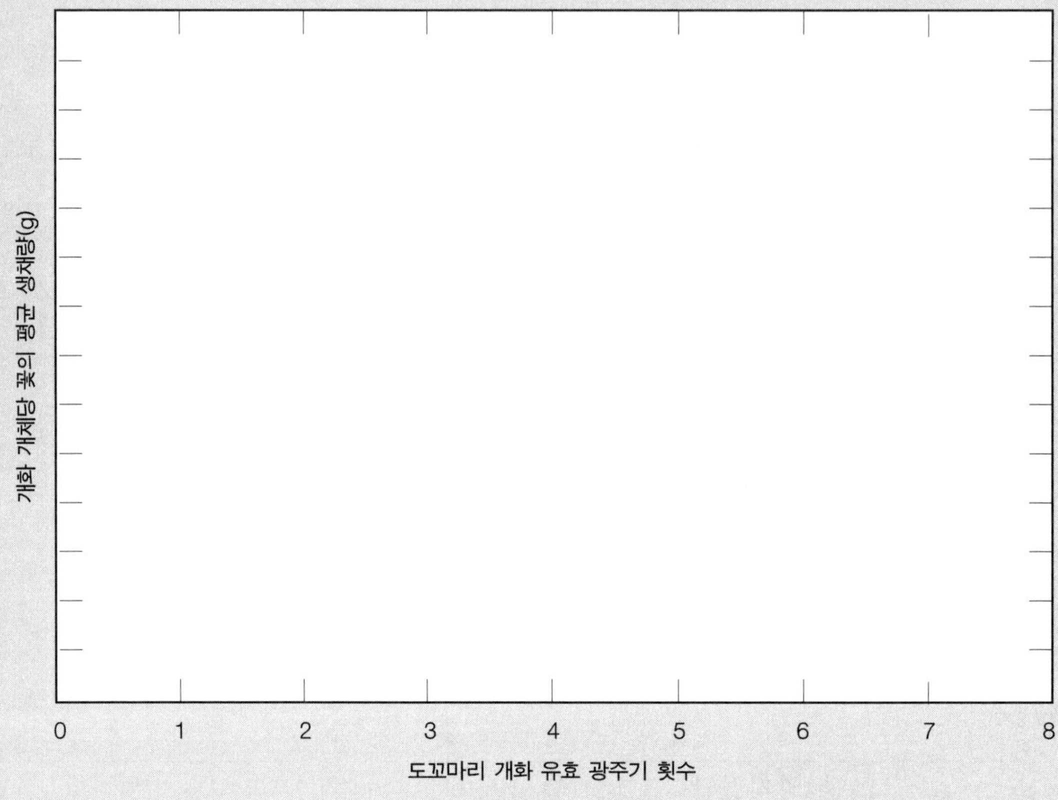